采气工艺操作技术

长庆油田分公司培训中心 编

石油工业出版社

内 容 提 要

本书主要介绍了采气井场、集气站、仪表与数字化设备及故障应急处理等日常标准化操作内容，包括 63 项操作项目，内容紧贴生产现场实际，具有一定的指导性。

本书可作为采气工的培训教材，其他相关人员也可参考使用。

图书在版编目（CIP）数据

采气工艺操作技术 / 长庆油田分公司培训中心编.
北京：石油工业出版社，2018.8
ISBN 978-7-5183-2801-7

Ⅰ.①采… Ⅱ.①长… Ⅲ.①采气-工艺 Ⅳ.
①TE37

中国版本图书馆 CIP 数据核字（2018）第 194466 号

出版发行：石油工业出版社
（北京安定门外安华里2区1号　100011）
网　　　址：www.petropub.com
编　辑　部：（010）64269289
图书营销中心：（010）64523633
经　　销：全国新华书店
印　　刷：北京中石油彩色印刷有限责任公司

2018年8月第1版　2018年8月第1次印刷
710×1000毫米　开本：1/16　印张：13.75
字数：270千字

定价：42.00元
（如出现印装质量问题，我社图书营销中心负责调换）
版权所有，翻印必究

《采气工艺操作技术》
编审人员

主　　编：徐进学　文小平
副 主 编：张会森
编写人员：张　华　金　婷　唐　磊　张积峰
　　　　　齐宝军　贺庆庆　倪继华　李　旭
审定人员：杨伟伟　赵莉杰　杨　帆　张　华
　　　　　刘亚东

前言

《采气工艺操作技术》分为四部分：采气井场、集气站、仪表与数字化设备及故障应急处理等日常标准化操作。本书较为全面详细地介绍了采气工艺操作相关知识，既紧贴生产现场实际情况，又做到了理论联系实际，是一本理论与实践一体化的技术指导性图书。

本书包括采气生产现场日常进行的 63 项操作项目，每一个项目都包括：风险辨识、工具用具准备、标准化操作步骤和技术要求四个部分，既注重安全，又注重操作的规范性。

本书由徐进学、文小平担任主编，张会森担任副主编，长庆油田分公司培训中心唐磊、张积峰，长庆油田分公司第四采气厂张华、倪继华、李旭，长庆油田分公司苏里格南作业分公司金婷，长庆油田分公司第三采气厂齐宝军、贺庆庆等人员参与编写。长庆油田分公司第四采气厂张华、刘亚东，长庆油田分公司第三采气厂杨伟伟、赵莉杰、杨帆对本书进行审定。

由于编者水平有限，书中难免存在不足之处，敬请读者批评指正。

编者

2018 年 6 月

目录

第一章 采气井场标准操作 …………………………………… 1
  第一节 井口装置 ………………………………………… 1
  第二节 操作项目 ………………………………………… 12
第二章 集气站标准操作 ……………………………………… 55
  第一节 分离器及相关标准操作 ………………………… 55
  第二节 压缩机及相关标准操作 ………………………… 81
  第三节 发电机及相关标准操作 ………………………… 95
  第四节 清管器及相关标准操作 ………………………… 110
  第五节 站内其他设备及相关标准操作 ………………… 133
第三章 仪表与数字化设备标准操作 ………………………… 158
第四章 故障应急处理标准程序 ……………………………… 200
附录 常用工具 ………………………………………………… 206
参考文献 ………………………………………………………… 212

第一章 采气井场标准操作

第一节　井口装置

一、井口装置组成及作用

气井的井口装置由套管头、油管头和采气树组成,气田目前主要采用的井口装置见图 1-1。其主要作用是：支撑采气井口,封隔各层套管；悬挂油管,密封油管和套管之间的环形空间；通过油管或油套环形空间进行采气、加缓蚀剂、压井、洗井、测试、压裂、酸化等井下作业；操作气井的开关、调节气井压力和产量。

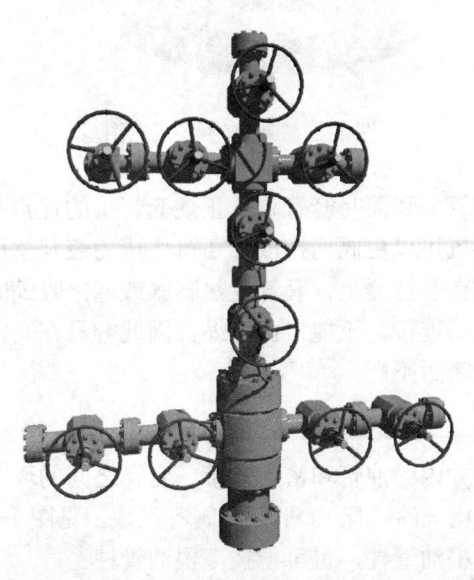

图 1-1　井口装置示意图

（一）套管头

套管下到井里，下部用水泥固定，上部的部分重量就支撑在套管头上。井里下有几层套管，套管头就能把几层套管互相隔开。

套管头安装在套管柱上端，悬挂除表层套管以外的各层套管，是套管与防喷器、采气井口连接的重要装置。按悬挂套管层数分为：单级套管头、双级套管头、三级套管头（图1-2）。

图1-2　三级套管头示意图

套管头分正规套管头和简易套管头。正规套管头的优点是套管之间如果因固井质量不好窜气时，气可以由阀门排放，还可由压力表观察压力大小。正规套管头由于内层套管悬挂在悬挂器上，套管受热膨胀或遇冷收缩时可以伸缩。而简易套管头由于两端用螺纹连接，不能自由伸缩，因此容易在套管本体和螺纹上形成应力，使套管破裂或密封不严。

（二）油管头

油管头用来悬挂井内的油管和密封油管、套管之间的环形空间。它由油管四通、一个悬挂封隔机构（油管挂）、平板闸阀等组成，见图1-3，根据采气工艺的需要，它既可悬挂单根油管柱，也可悬挂多根油管柱。

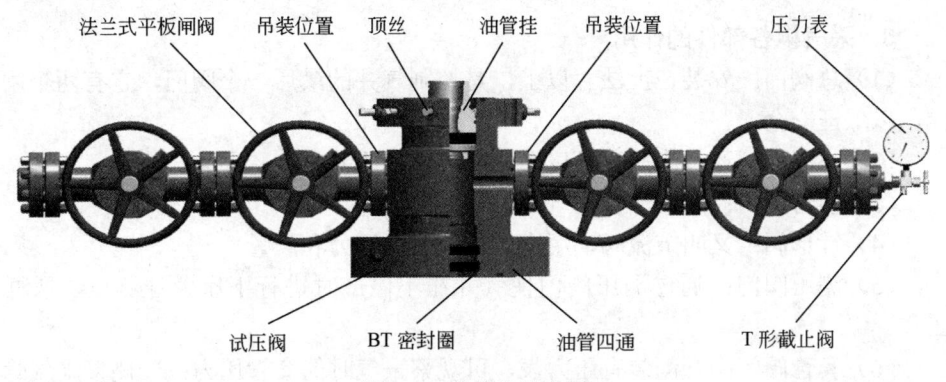

图 1-3　油管头示意图

油管头按悬挂方式分上法兰式和下法兰式；按油管头结构分锥座式和直座式。

锥座式油管头的优点是可不压井进行起下油管及更换总闸阀，但由于其锥面密封压得紧，上提油管费力，密封圈易损坏。

目前广泛采用的直座式油管头，克服了锥座式油管头其锥面密封压得紧、上提油管费力、密封圈易损坏的缺点，并且在不压井情况下可更换总阀门或套管阀门。

（三）采气树

1. 采气树的组成及作用

油管头以上的部分称为采气树，由闸阀、针形阀和小四通等组成，用来进行开井、关井、调节压力和气量、循环压井、下压力计测压和测量井口压力等作业。

气井一般处于开启状态，如果要关井，可以关油管阀门。

2. 采气树的规格

采气树主要规格为 KY-210、KQ-350、KQ-700、KQ-1050。KQ 代表抗硫材质。有些气田采用的是带压可更换闸阀采气井口（图 1-4）。

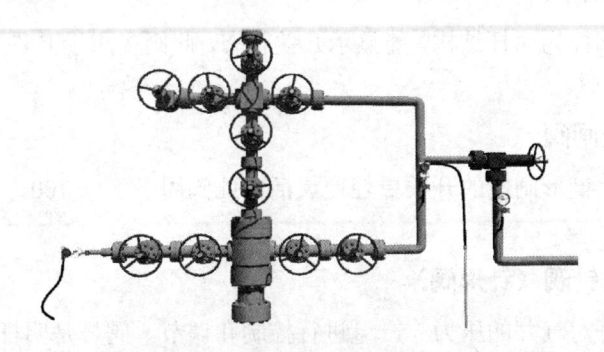

图 1-4　带压可更换闸阀采气井口示意图

3. 采气树各部件的作用

（1）总阀门：安装在上法兰以上，是控制气井的最后一个阀门，它有两个闸阀，以保证安全。

（2）小四通：通过小四通可以采气、放喷或压井。

（3）油管阀门：当用油管采气时，用来开关井。

（4）针形阀：又叫节流阀，用来调节气井的压力和产量。

（5）测压阀门：通过测压阀门使气井在不停产时进行下压力计测压、取样工作。

（6）套管阀门：一侧装有压力表，可观察采气时的套管压力；一侧接采气管线，需要时可从套管采气，试油时也可作为气举的进口。

4. 采气树使用注意事项

（1）采气树的安装应保证稳固，各连接处严密不漏，使用压力不得超过设计工作压力。

（2）安装时，认真检查、清洗每一个钢圈槽和钢圈，有伤痕的不能使用。黄油要均匀涂在钢圈槽和钢圈上。黄油要干净，不得夹有泥砂。

（3）法兰螺栓要对角上紧，上紧后的法兰盘间隙应相等，否则应重新调整。

（4）闸阀在使用时，要处在全开全关位置，不允许当调节阀使用。

（5）开井时，先检查针形阀是否关闭，如未关闭，应先关上针形阀，再开油管阀门，最后打开针形阀，关井时，先关针形阀，后关油管阀门。

（6）使用中要定期给闸阀和针形阀的轴承打黄油。

（7）禁用铁器敲击采气树。采气树应建操作台。

二、采气树常用阀门

常用的阀门有楔形闸阀、平板闸阀、井口针阀（针形阀三种）、压力表截止阀。

（一）楔形闸阀

楔形闸阀阀杆为明杆结构，能显示开关状态，此阀多用于 KY-210、KQ-350、KQ-700 型采气树。

（二）平板闸阀

平板闸阀比楔形闸阀的开关更轻便灵活，此阀用于 KQ-700、KQ-1050 型采气树。

（三）井口针阀（针形阀）

井口针阀可对气井的压力、产量进行控制和调节。阀杆是明杆结构，直接显示开关状态和开关的圈数。

（四）压力表截止阀

压力表截止阀的缓冲器（图1-5）内有两根小管A、B，缓冲器内装满隔离油（变压器油），当开启截止阀后，天然气进入A管，并压迫隔离油（变压器油）进入B管，把压力值传递到压力表。隔离油（变压器油）作为中间传压介质，硫化氢不直接接触压力表，使压力表不受硫化氢腐蚀。

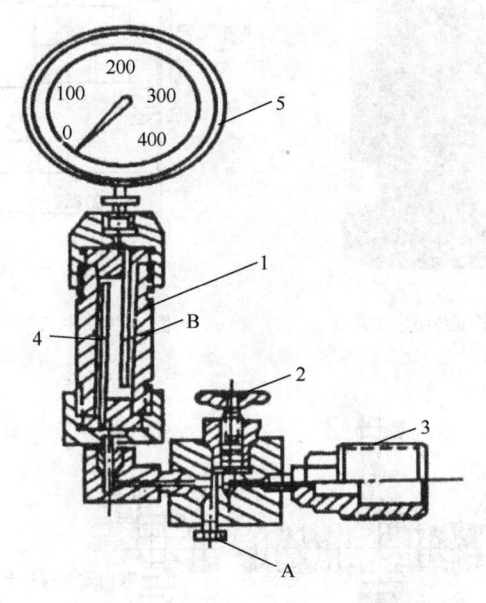

图1-5 压力表截止阀结构示意图
1—缓冲器；2—截止阀；3—接头；4—泄压螺钉；5—压力表

泄压螺钉起泄压作用，当更换压力表时，关闭截止阀微开泄压螺钉，缓冲器内的余压由螺钉的旁通小孔泄掉。

三、井口保护器

（一）井口保护器的结构与工作原理

1. 井口保护器的作用和结构

当气井高压集气管线破裂、出现异常刺漏时，井口保护器可自动而可靠地关井，迅速截断井口气源，避免生产事故的发生。井口保护器的外观如图1-6所示，结构如图1-7所示，可调式天然气井安全保护装置在天然气井流程中的安装位置如图1-8所示。

图 1-6 井口保护器外观示意图

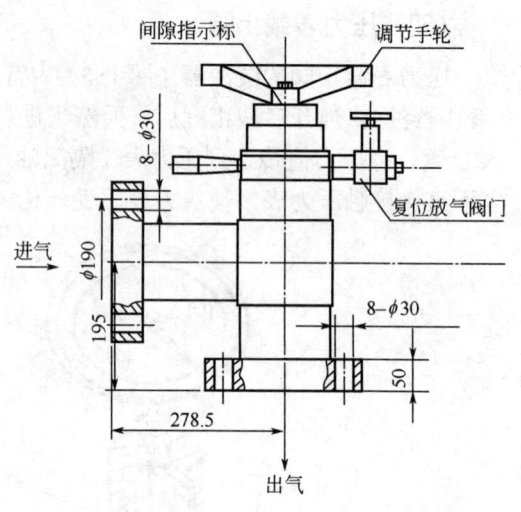

图 1-7 井口保护器结构示意图

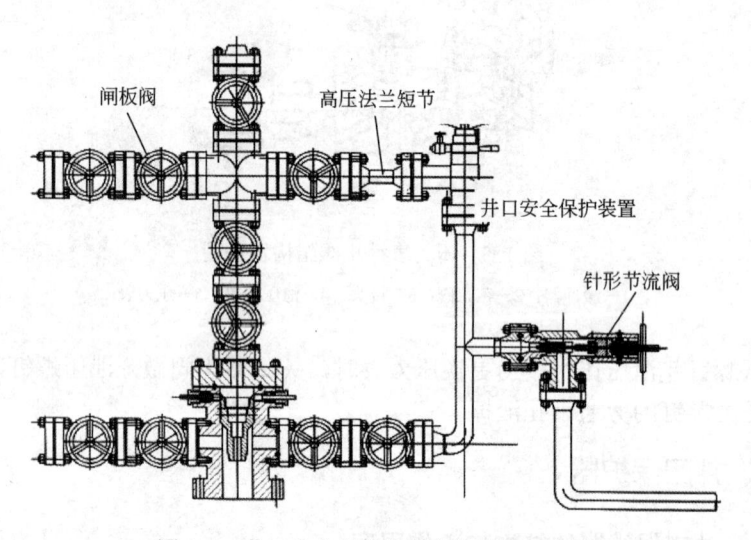

图 1-8 井口安全保护装置安装位置示意图

2. 井口保护器的工作原理

气井正常生产情况下，弹簧的作用力使阀体与阀座保持常开状态，井内天然气以确定的产量及很小的压降流经节流孔板外输。当高压集气管线破裂或出现异常漏气时，下游压力突然降低，天然气流量随即增加，导致流经节流孔板后的压降增大，从而使阀体截面向左的作用力增大，进而压缩弹簧，推动阀体左移，直至阀体封堵阀座，天然气断流。

（二）井口保护器的使用方法及相关操作规程

1. 井口保护器的打开方法

打开套管阀门，装置上下游压力平衡后弹簧推动阀体右移，脱开阀座，此时关闭套管阀门，重新恢复原状态生产。

2. 井口保护器安装、拆除操作规程

（1）做好准备工作，准备好相应的拆装工具，检查井口保护器是否完好，并根据气井的配产给井口保护器安装相应孔径的孔板。

（2）安装（拆卸）前应当与值班干部、资料室、井站取得联系，要求站内关闭进站闸阀及针阀，停止注醇，并记录通知人单位、姓名。

（3）关井前检查气井各阀门是否完好，并记录井口油套压值。

（4）首先关闭井口针阀、4号生产总阀，然后关闭地面或油管注醇阀门。

（5）缓慢打开测试阀门放空，待放空完毕后，再依次打开井口保护器安装部位堵头上的小阀门放空，确认内部无压力。

（6）压力泄完后，卸去井口保护器安装部位的堵头，安装（拆卸）井口保护器。

（7）安装（拆卸）完毕后，装上井口保护器安装部位的堵头（如堵头密封圈损坏，需更换），关闭堵头上的放空小阀门，关闭测试阀门。

（8）缓慢打开5号阀门充压，待与油压值相近时，检查无泄漏后，打开4号生产总阀，关闭5号阀门，然后依次完全打开井口针阀、油管或地面注醇阀门。

（9）井口操作完毕后，通知值班室、资料室，并通知井站人员开井生产。

3. 井口保护器现场使用注意事项

（1）合理选择孔板。

（2）检查定位销确保紧固可靠。

四、井下节流井口安全保护及开关井技术

低渗透气田应用井下节流技术后，地面流程采用中低压集气，当超欠压时气井高压如果进入流程将对地面管线和设备造成损害引起危险。为了保护中低压集气管线不超压、不冰堵，也为了节流器投捞施工等作业更加方便，开展了相关的地面安全保护、施工配套设备橇装化等配套技术研究。

远控截断阀和远控电磁阀的应用，保证了井口高低压截断保护和远程控制开关井两大核心功能的实现，并实现了指挥中心—集气站—单井的远程调控。井口高低压截断保护和远程控制开关系统，如图1-9所示。

图 1-9　井口高低压截断保护和远程控制开关系统示意图

（一）远控截断阀

1. 远控截断阀的作用

远控截断阀通过机械紧急截断，实现超欠压保护。实物外形如图 1-10 至图 1-12 所示。

图 1-10　远控截断阀现场实物示意图 　　图 1-11　远控截断阀现场安装示意图

图 1-12 远控截断阀外形示意图

2. 结构及工作原理

远控截断阀的结构如图 1-13 所示。传感器推杆向下（上）运动，平衡杆拨动平衡块旋转，控制杆释放齿条锁销，弹簧推动阀瓣下行（上行），阀门关闭（打开）。

远程开关：依靠氮气做动力源，提升气缸推杆上行推动开阀，关阀气缸推杆下行关阀。

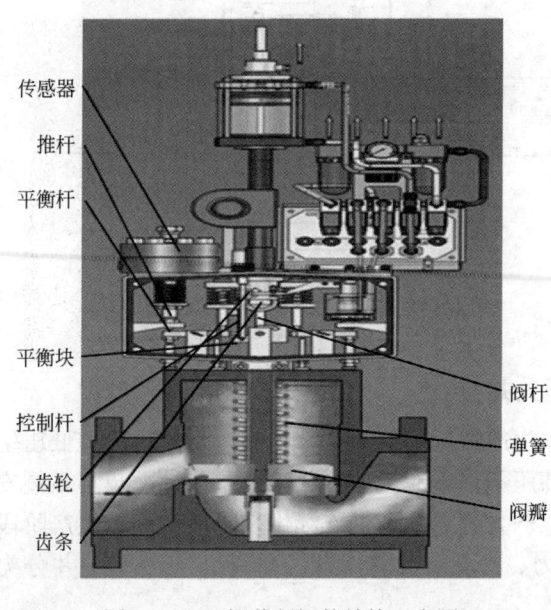

图 1-13 远控截断阀的结构示意图

（二）远控电磁阀

1. 作用及优点

通过井口 RTU 控制实现超欠压保护及远程开关井。远控电磁阀所用的是弱电（12V 直流）、自力式气动（无须外接气源）。

2. 结构原理

（1）开阀原理。如图 1-14 所示，电磁头 1 供电（5s）阀芯上行，弹簧 2 推动铁芯锁进，打开泄压孔，阀芯通过泄压孔放气，平衡压力孔进气（少量），阀芯内压力降低，进气通道高压推动阀芯上移，电磁阀打开。

（2）关阀原理。如图 1-15 所示，电磁头 2 供电（5s）铁芯吸回，弹簧 1 推动阀芯下行，关闭泄压孔，平衡压力孔进气，阀芯内压力升高，弹簧释放，阀芯内压力继续升高，电磁阀关闭严密。

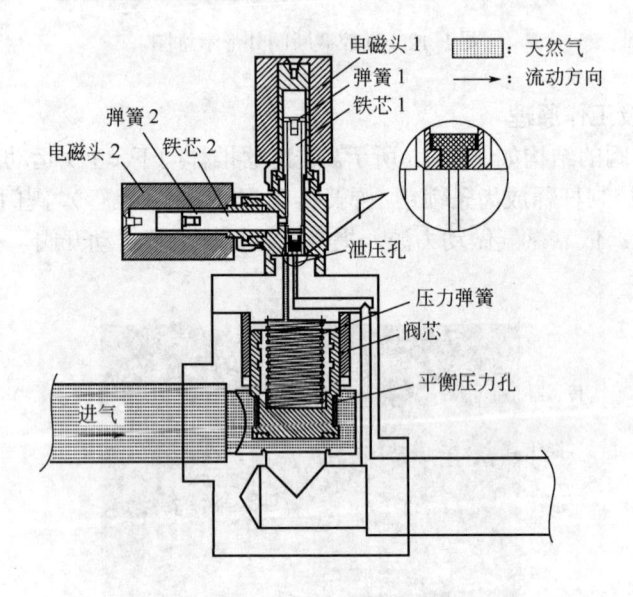

图 1-14 电磁阀结构示意图（关闭状态）

（三）气井开关井

井下节流气井生产按压力划分可分为高压生产阶段和低压生产阶段，高、低压生产期划分和高压条件下的保护参数，都是以地面集气系统安全为依据；其中低压生产阶段按生产方式不同分为连续生产阶段和间歇生产阶段。对应开关井方式的确定依赖压力、产量、排液效果好坏等。气井开关井分类及操作如表 1-1 所示。

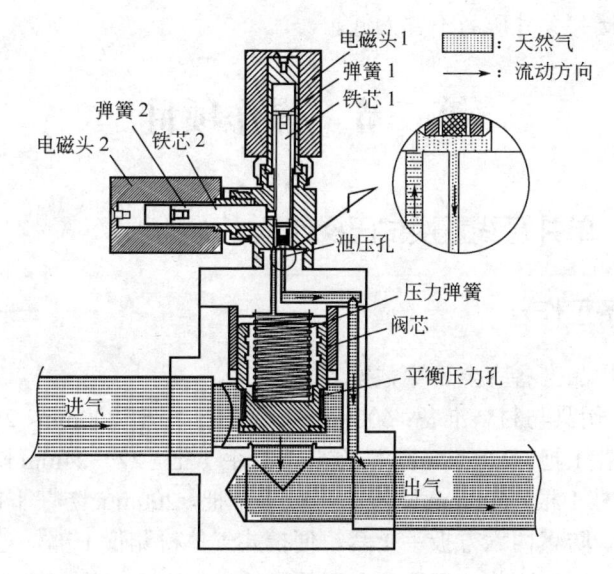

图 1-15 电磁阀示意图（打开状态）

表 1-1 气井开关井分类及操作表

生产阶段	高压	低压	
		连续	间歇
配产	井下节流	井下节流	井下节流
		井口	井口
开井	人工控制针阀缓慢开井	远程控制	远程控制
关井	井口自动保护	远程控制	远程控制
	远程控制		

1．**高压生产阶段的开关井**

（1）关井：自动保护截断；远程控制截断。

（2）开井：人工控制针阀缓慢开井；井下节流配产，生产。

2．**低压生产阶段的开关井**

连续生产阶段：采用井口保护，充分利用井下节流技术，延长气井连续生产期，便于气井生产管理，尽可能减少开关井次数。

间歇生产阶段：采用"远程开关井控制系统"实现远控开关井，控制系统前采取连续生产，确定合理生产制度，维持间歇生产，提高最终采收率，设计依据是上次关井参数应为确保第二次气井正常开启。一般经验是开井压力低于保护压力，树枝状串接井关井压力不宜太低。

第二节 操作项目

项目一 单井管线置换试压操作

一、准备工作

（1）劳保用品准备齐全、穿戴整齐。

（2）工具、用具与材料准备：600mm防爆管钳1把，200mm、250mm、375mm防爆活动扳手各1把，22~24mm防爆开口扳手1把，22~24mm防爆梅花扳手1把，600mm撬杠1根，600mm防爆F形扳手1把，200mm防爆平口螺丝刀1把，重型套筒1套，防爆内六方扳手1套，便携式气体检测仪1部，对讲机3部，压力变送器3块，压力表垫片若干，井口标准缓冲器2个，钢丝刷1把，与阀门同型号的金属缠绕垫圈2个，生料带、黄油若干，验漏瓶1个，石棉板若干，棉纱适量，记录本、笔1套。

（3）操作人员要求：两人操作，一人监护。

二、风险识别与消减措施

风险识别1：天然气泄漏引起人员伤害及火灾。

消减措施：操作时要对所有连接部位进行验漏，确保流程严密不漏，防止操作过程中天然气泄漏引起人员伤害及火灾发生。

风险识别2：倒换流程操作过快、过猛引起阀门损坏造成人员伤害。

消减措施：倒换流程要平稳，开关阀门时站在阀门侧面操作，防止手轮飞出伤人。

三、技术要求

（1）置换气流速度小于5m/s，含氧量必须小于2%。

（2）安装压力变送器时必须安装压力表垫片。

四、标准操作规程

（一）操作流程

单井置换试压操作流程见图1-16。

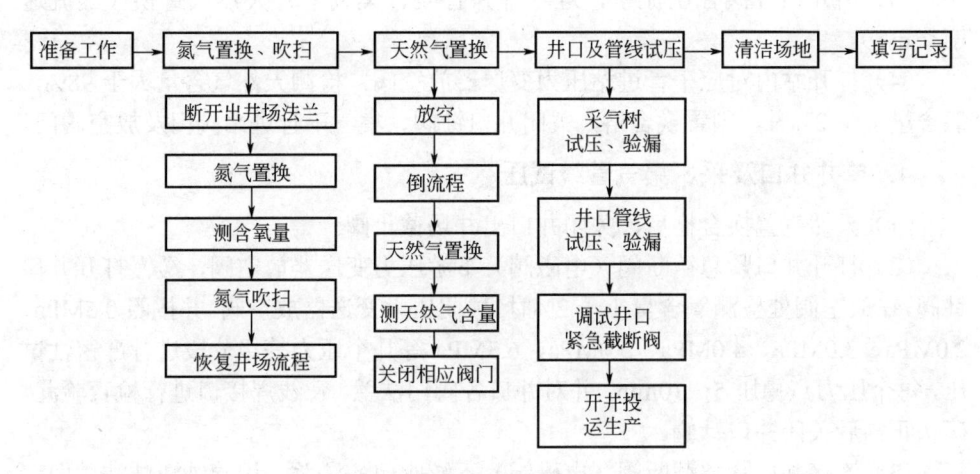

```
准备工作 → 氮气置换、吹扫 → 天然气置换 → 井口及管线试压 → 清洁场地 → 填写记录
            ↓              ↓              ↓
         断开出井场法兰    放空         采气树试压、验漏
            ↓              ↓              ↓
          氮气置换         倒流程       井口管线试压、验漏
            ↓              ↓              ↓
          测含氧量       天然气置换    调试井口紧急截断阀
            ↓              ↓              ↓
          氮气吹扫      测天然气含量   开井投运生产
            ↓              ↓
         恢复井场流程    关闭相应阀门
```

图 1-16 单井置换试压操作流程图

（二）操作过程

1. 检查并完善采气树各部件

（1）检查采气树各连接螺栓是否紧固，外观是否完好。

（2）安装井口缓冲器及压力变送器。

① 安装井口缓冲器时先检查缓冲器螺纹是否完好，安装井口缓冲器至采气树套管阀门处。

② 安装油压取压阀与地面管压取压阀。

③ 安装压力变送器。

2. 单井管线氮气置换、吹扫

（1）卡开井口紧急截断阀（电磁阀）的下游阀门的法兰。

（2）用相应干管的进站阀门控制氮气流量进行置换（气流速度<5m/s）。

（3）在卡开法兰处检测氧含量小于 2% 为合格。

（4）置换合格后，用干管进站阀门控制流速（气流速度<20m/s）进行吹扫。

（5）观察法兰卡开处无污物时，吹扫合格。

（6）关闭相应干管进站阀门，恢复井场流程。

3. 单井管线天然气置换

（1）关闭单井管线所关联的干管进站阀门，打开干管放空阀。

（2）关闭井口针阀并倒通下游流程，依据井口操作规程依次打开井口各阀门并录取井口油压、套压（对新开井，气井开井前井筒内须提前注入甲醇 200mL）。

（3）用井口针阀控制流量，进行单井管线、集气干管天然气置换（气流速度<5m/s）。

（4）打开站内对应干管进站压力变送器放空阀，检测天然气含量大于98%，氧含量小于2%时，则置换合格，关闭井口针阀、集气干管进站阀门及放空阀门。

4．单井井口及采、集气管线试压

（1）天然气置换合格后，关闭井口出井场截止阀。

（2）打开井口紧急截断阀（电磁阀）下游压力变送器放空阀，缓慢打开井口针阀，在放空阀处检测氧含量小于2%时，关闭压力变送器放空阀。并按照0.5MPa、2.0MPa、3.0MPa、4.0MPa、5.0MPa、6.3MPa等几个压力等级分段进行严密性试压，每个压力点稳压5~10min，并对井口各阀门法兰、管线焊接口进行检查验漏，确认正常后关闭井口针阀。

（3）连接井口紧急截断阀（电磁阀）下游阀门的法兰，用棉纱清洁法兰面，将两法兰下部用2~3根螺栓连接，将金属缠绕垫圈两面涂抹黄油并放入两法兰面之间，穿好剩余螺栓，对角紧固螺栓。

（4）关闭井口紧急截断阀（电磁阀）及其旁通阀，打开井口出井场截止阀，缓慢打开井口针阀，按照5MPa、10MPa、15MPa、20MPa、井口压力等几个等级分段进行井场高压区严密性试压，每个压力点稳压5~10min，稳压过程中对井口各阀门法兰、管线焊接口进行检查验漏，确认正常后关闭井口针阀，测井场设备、阀门严密性试压合格。

（5）采、集气管线强度试压和严密性试压在项目施工过程中已进行，故不再进行。

（6）按照紧急截断阀（电磁阀）操作规程正确调试井口紧急截断阀（电磁阀），其低压保护设定值为0.5MPa，高压保护设定值为4.0MPa，并反复多次测试直到正常稳定运行为止。

（7）将井口紧急截断阀（电磁阀）投入正常工作状态，导通井口针阀后工艺流程。

（8）缓慢打开井口针阀，按照0.5MPa、1.0MPa、2.0MPa、3.0MPa、4.0MPa等几个压力等级分段进行严密性试压，每个压力点稳压5~10min，稳压过程对井口出井场截止阀下游法兰和集气管线进站闸阀上游法兰进行检查验漏，确认正常后关闭井口针阀，稳压24h时，压降小于2%则严密性试压合格。

（9）在严密性试压合格后，可进行开井作业，利用井口针阀缓慢降压到系统压力后观察30min方可离去。

操作完成后应收拾工具、用具，清洁场地，并填写开井记录。

项目二　标准井口开井操作

标准井口装置示意图见图 1-17。

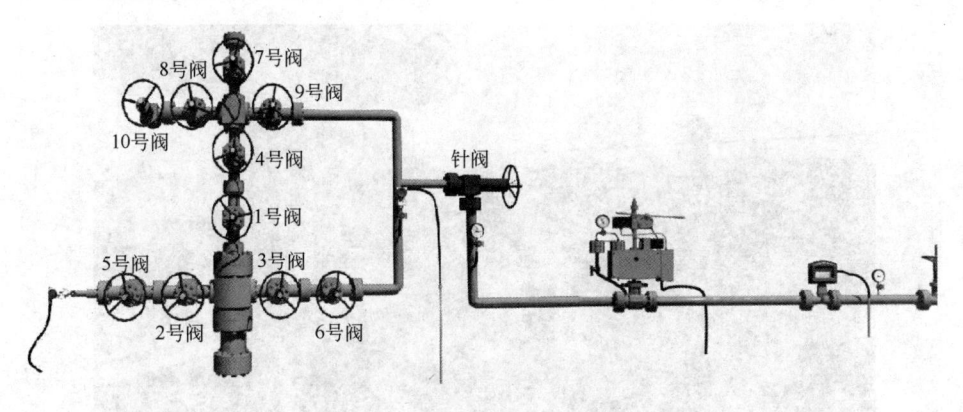

图 1-17　标准井口装置示意图

一、准备工作

（1）劳保用品准备齐全、穿戴整齐。
（2）工具、用具与材料准备：600mm 防爆管钳 1 把，250mm 防爆活动扳手 1 把，防爆内六方扳手 1 套，验漏瓶 1 个，对讲机 2 部，记录笔、本 1 套，棉纱少许。
（3）操作人员要求：一人操作，一人监护。

二、风险识别与消减措施

风险识别 1：开关阀门时操作过猛可能导致丝杆脱出伤人。
消减措施：开关阀门需站在侧面（图 1-18），缓慢操作，防止丝杆脱出伤人。

图 1-18　开关阀门操作示意图

风险识别 2：天然气泄漏导致中毒伤害及火灾事故。

消减措施：开井前要对阀门及流程进行验漏（图 1-19），放空操作时人必须站在上风口。

图 1-19　验漏操作示意图

风险识别 3：管线及阀门超压可能引起人身伤害。

消减措施：操作时要缓慢操作，严格控制压力，使其在规定范围内。

三、技术要求

（1）气井投产开井前，作业人员必须联系作业区调控中心，确保该井所在干管进站阀门打开、进站放空阀门处于关闭状态。

（2）气井开井过程中，作业及监护人员必须严守岗位，与作业区调控中心保持联系，及时进行沟通，确保作业安全进行。

（3）新井投产时需要对截断阀（电磁阀）进行调试。

（4）开井期间必须严格按照资料录取规定取全、取准各项资料。

（5）开井过程中发生节流器失效情况，立刻关井。

（6）下游管线或设备阀门破裂刺漏，立刻关井并就近上报（关闭干管所有井，上报上级）。

（7）开井完成后，作业人员必须及时将开井情况反馈给作业区调控中心值班人员，并认真检查确认井口各阀门开关状态正确、无误，气井生产完全处于正常状态后，方可离开。

四、标准操作规程

(一) 操作流程

标准井口开井操作流程见图 1-20。

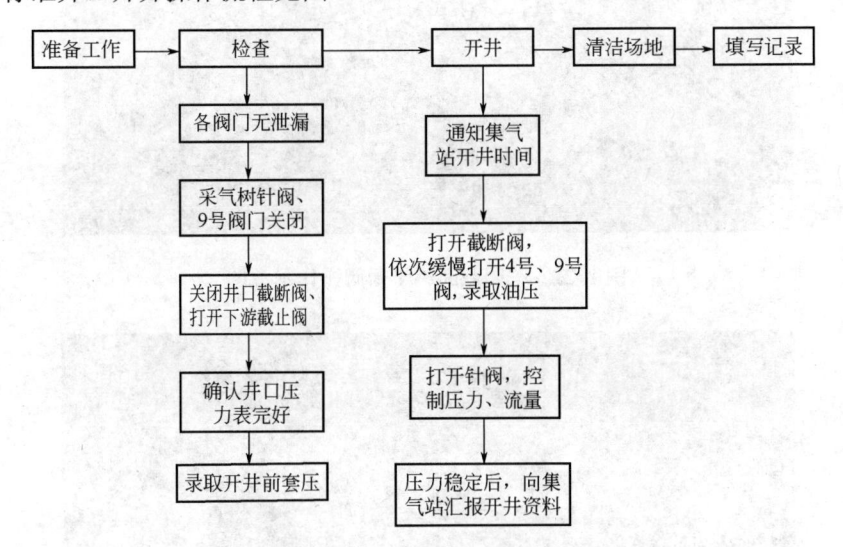

图 1-20 标准井口开井操作流程图

(二) 操作过程

(1) 开井前的检查。

① 确认采气树各阀门密封无泄漏。

② 检查流程，确认采气树针阀、9 号阀门关闭，下游截止阀（闸阀）打开，截断阀（电磁阀）关闭，各阀门开关灵活。

③ 井口压力变送器完好，录取开井前油压、套压。

(2) 开井操作。

① 联系作业区调控中心准备开井，并通知开井时间及开井前油压、套压值。

② 打开截断阀平衡阀，向内推动手轮并顺时针旋转手轮到转不动为止，按下复位按钮，松开手轮，挂上截断阀（电磁阀），关闭截断阀平衡阀（图 1-21）。

③ 打开采气树 9 号阀门，松开针阀丝杆护套，缓慢打开针阀（图 1-22），控制流量不大于 2500m^3/h，压力不大于 3.5MPa。

图1-21 关闭截断阀平衡阀操作示意图

图1-22 打开针阀操作示意图

④ 待油压降至系统压力时，全开针阀，上紧针阀丝杆护套，记录开井后油压、套压、流量、温度，向作业区调控中心汇报开井后油压、套压、流量、温度。

(3) 检查确认流程无误，收拾工具、用具，清洁场地。

(4) 填写开井记录。

项目三 简易井口开井操作

简易井口示意图如图1-23所示。

一、准备工作

(1) 劳保用品准备齐全、穿戴整齐。

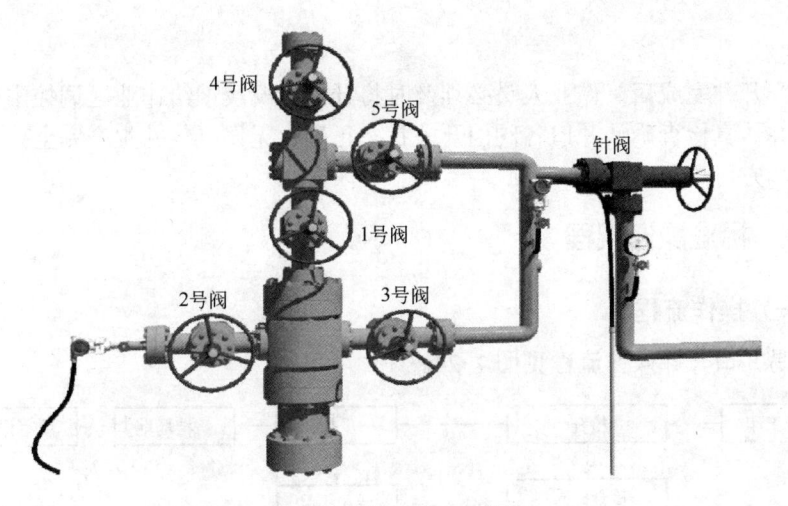

图 1-23 简易井口示意图

（2）工具、用具与材料准备：600mm 防爆管钳 1 把，250mm 防爆活动扳手 1 把，防爆内六方扳手 1 套，验漏瓶 1 个，耳塞 2 副，对讲机 2 部，棉纱少许，记录笔、本 1 套。

（3）操作人员要求：一人操作，一人监护。

二、风险识别与消减措施

风险识别 1：开关阀门时操作过猛可能导致丝杆脱出伤人。
消减措施：开关阀门需站在侧面，缓慢操作，防止丝杆脱出伤人。
风险识别 2：天然气泄漏导致中毒伤害及火灾事故。
消减措施：开井前要对阀门及流程进行验漏；放空操作时人必须站在上风口。
风险识别 3：管线及阀门超压可能引起人身伤害。
消减措施：操作时要缓慢操作，严格控制压力，使其在规定范围内。

三、技术要求

（1）气井投产开井前，作业人员必须联系作业区调控中心，确保该井所在干管进站阀门打开、进站放空阀门处于关闭状态。

（2）气井开井过程中，作业及监护人员必须严守岗位，与作业区调控中心保持联系，及时进行沟通，确保作业安全进行。

（3）新井投产时需要对截断阀（电磁阀）进行调试。

（4）开井期间必须严格按照资料录取规定取全、取准各项资料。

（5）开井过程中发生节流器失效情况，立刻关井。

（6）下游管线或设备阀门破裂刺漏，立刻关井并就近上报（关闭干管所有井，上报上级)。

（7）开井完成后，作业人员必须及时将开井情况反馈给作业区调控中心值班人员，并认真检查确认井口各阀门开关状态正确、无误，气井生产完全处于正常状态后，方可离开。

四、标准操作规程

（一）操作流程

简易井口开井操作流程见图1-24。

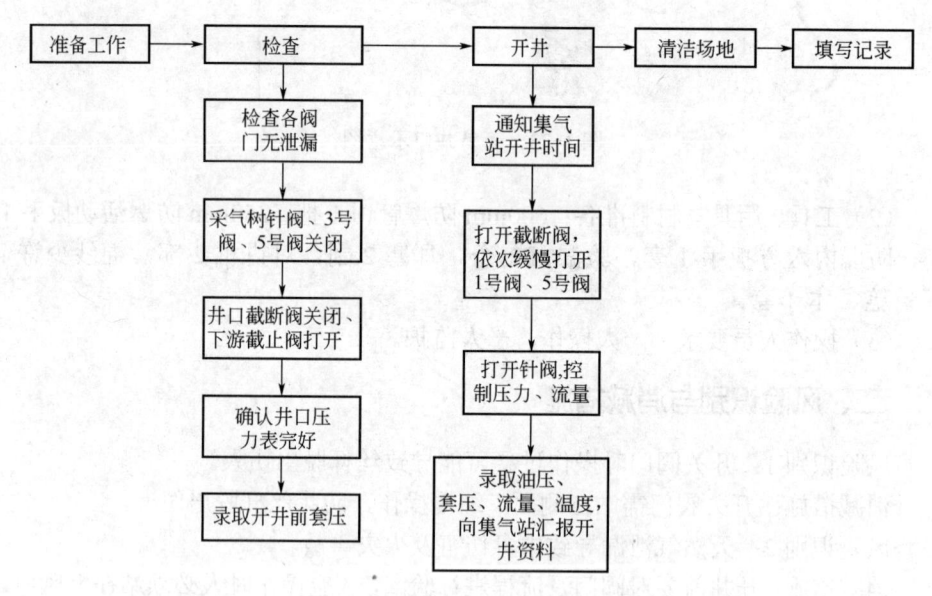

图1-24 简易井口开井操作流程图

（二）操作过程

（1）开井前的检查工作。

① 检查流程正确，确认采气树3号阀、5号阀、针阀、电磁阀（截断阀）关闭，下游截止阀（闸阀）打开，用验漏瓶确认各阀门密封无外漏。

② 检查井口压力变送器完好，录取开井前套压。

（2）开井操作。

① 联系作业区调控中心准备开井，并通知开井时间及套压值。

② 通知作业区调控中心远程打开电磁阀，确认状态"返回"，电磁阀（截断阀）处于开启状态（图1-25）。

图 1-25 远程打开电磁阀操作示意图

③ 打开采气树 5 号阀门，松开丝杆护套，缓慢打开井口针阀（图 1-26），控制压力不大于 3.5MPa，流量不大于 2500m^3/h。

图 1-26 打开针阀操作示意图

④ 待油压降至系统压力时，全开针阀，上紧丝杆护套，记录开井后油压、套压、流量、温度，向作业区调控中心汇报开井后油压、套压、流量、温度。
⑤ 检查确认流程无误。
（3）收拾工具、用具，清洁场地。
（4）填写开井记录。

项目四　标准井口关井操作

一、准备工作

（1）劳保用品准备齐全、穿戴整齐。

（2）工具、用具与材料准备：600mm防爆管钳1把，250mm防爆活动扳手1把，防爆内六方扳手1套，对讲机2部，护目镜2副，耳塞2副，验漏瓶1个，记录笔、本1套，棉纱少许。

（3）操作人员要求：一人操作，一人监护。

二、风险识别与消减措施

风险识别1：开关阀门时操作过猛可能导致丝杆脱出伤人。

消减措施：开关阀门需站在侧面，缓慢操作，防止丝杆脱出伤人。

风险识别2：天然气泄漏导致中毒伤害及火灾事故。

消减措施：放空操作时人必须站在上风口。

三、技术要求

（1）对于装有套管缓冲器的压力变送器，可关闭生产总阀门和截止阀（闸阀），打开测试阀泄压，直至压力为零（短期关井无须放空）。

（2）认真检查井场设备阀门全部按要求停用、流程无误后方可离开。

（3）关井期间必须严格按照资料录取规定取全、取准各项资料。

（4）关井完成后，作业人员必须及时将关井情况反馈给作业区调控中心值班人员。

四、标准操作规程

（一）操作流程

标准井口关井操作流程见图1-27。

（二）操作过程

（1）关井前的检查。

① 检查流程，确认采气树各阀门无泄漏（图1-28）。

② 检查确认井口压力变送器完好，录取关井前油压、套压、流量、温度（图1-29）。

准备工作 → 检查 → 关井 → 清洁场地 → 填写记录

检查：检查流程，各阀门无泄漏；确认井口压力表完好；录取关井前油压、套压

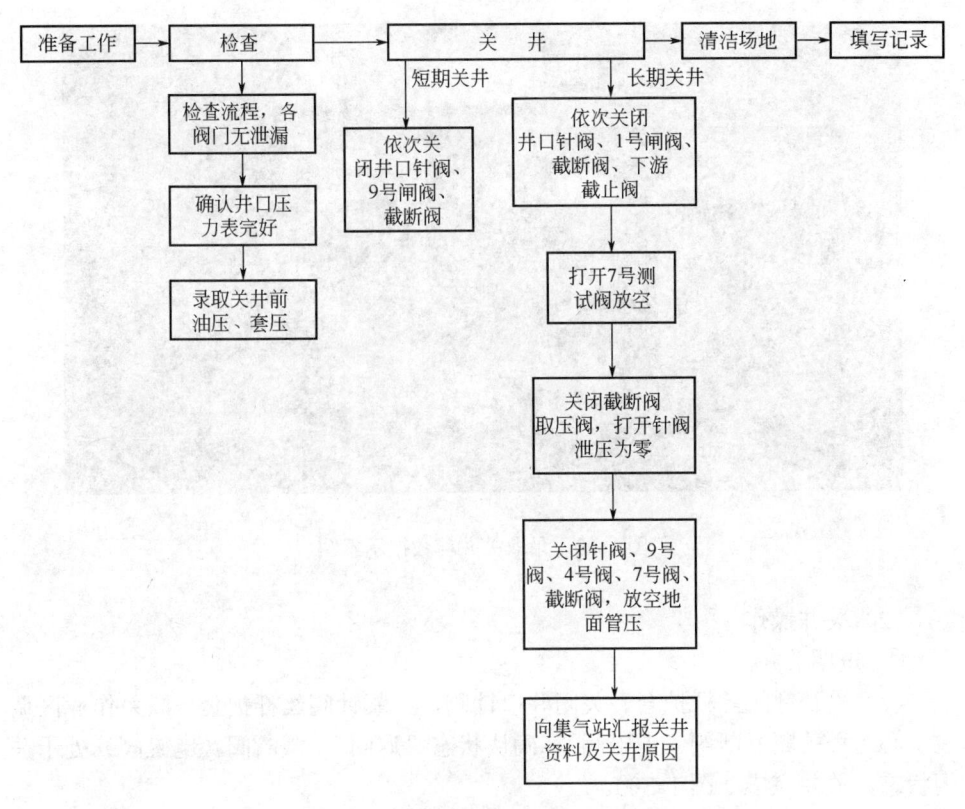

关井：
- 短期关井：依次关闭井口针阀、9号闸阀、截断阀
- 长期关井：依次关闭井口针阀、1号闸阀、截断阀、下游截止阀 → 打开7号测试阀放空 → 关闭截断阀取压阀，打开针阀泄压为零 → 关闭针阀、9号阀、4号阀、7号阀、截断阀，放空地面管压 → 向集气站汇报关井资料及关井原因

图 1-27　标准井口关井操作流程图

图 1-28　阀门验漏操作示意图

图1-29 录取关井前数据示意图

（2）关井操作。

① 短期关井。

（a）松开针阀丝杆护套，关闭井口针阀，上紧针阀丝杆护套，联系作业区调控中心远程关断截断阀（电磁阀），确认状态"返回"，截断阀（电磁阀）处于关闭状态，关井完毕（图1-30）。

图1-30 短期关井操作示意图

（b）检查确认流程无误，记录关井时间，向作业区调控中心汇报关井时间，关井前油压、套压、流量、温度及关井原因。

② 长期关井。

（a）松开针阀丝杆护套，依次关闭井口针阀、4号生产总阀门（图1-31）。

图1-31　关闭井口针阀、4号生产总阀门操作示意图

（b）打开7号测试阀门，放空至油压为零。

（c）关闭截断阀取压阀，关闭外输闸阀（图1-32），缓慢打开针阀，地面管线泄压为零。

图1-32　关闭外输闸阀操作示意图

（d）关闭井口针阀，依次关闭9号油管阀门、7号测试阀门，打开截断阀取压阀，点击截断阀起跳按钮，关闭截断阀（电磁阀）。

（e）检查确认流程无误，记录关井时间，向作业区调控中心汇报关井时间和关井原因。

（3）收拾工具、用具，清洁场地。

（4）填写关井记录。

项目五 简易井口关井操作

一、准备工作

（1）劳保用品准备齐全、穿戴整齐。

（2）工具、用具与材料准备：600mm防爆管钳1把，250mm防爆活动扳手1把，防爆内六方扳手1套，对讲机2部，护目镜2副，耳塞2副，验漏瓶1个，棉纱少许，记录笔、本1套。

（3）操作人员要求：一人操作，一人监护。

二、风险识别与消减措施

风险识别1：开关阀门时操作过猛可能导致丝杆脱出伤人。

消减措施：开关阀门需站在侧面，缓慢操作，防止丝杆脱出伤人。

风险识别2：天然气泄漏导致中毒伤害及火灾事故。

消减措施：放空操作时人必须站在上风口（图1-33）。

图1-33 放空操作示意图

三、技术要求

（1）对于装有套管缓冲器的压力变送器，可关闭生产总阀门和截止阀（闸阀），打开测试阀泄压，直至为零（短期关井无须放空）。

（2）认真检查井场设备阀门全部按要求停用、流程无误后方可离开。

（3）关井期间必须严格按照资料录取规定取全、取准各项资料。

(4)关井完成后,作业人员必须及时将关井情况反馈给作业区调控中心值班人员。

四、标准操作规程

(一)操作流程

简易井口关井操作流程见图 1-34

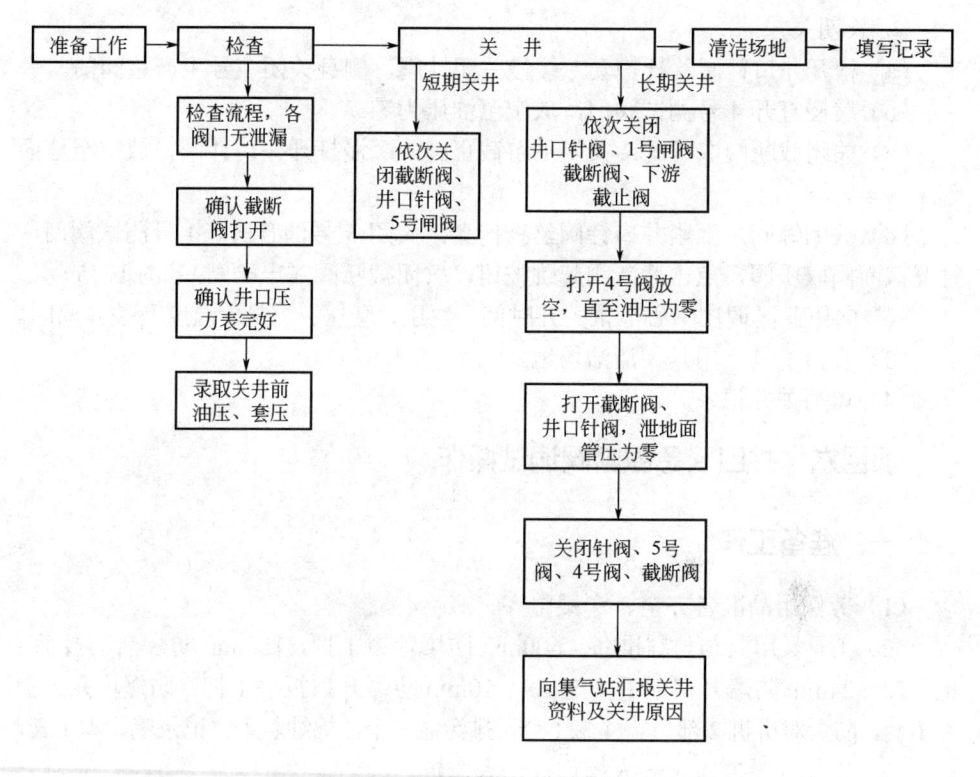

图 1-34 简易井口关井操作流程图

(二)操作过程

(1)关井前的检查。

① 检查流程,确认采气树各阀门无外漏,确认截断阀(电磁阀)处于打开状态。

② 检查井口压力变送器完好,录取关井前套压、油压、流量、温度,向作业区调控中心汇报准备关井及关井前的生产数据。

(2) 关井操作。

① 短期关井。

(a) 松开井口针阀丝杆护套，缓慢关闭井口针阀，联系作业区调控中心远程关断截断阀（电磁阀），确认状态"返回"，截断阀（电磁阀）处于关闭状态，关井完毕。

(b) 检查确认流程无误，记录关井时间，向作业区调控中心汇报关井时间、关井前油压、套压、流量、温度及关井原因。

② 长期关井。

(a) 松开井口针阀丝杆护套，缓慢关闭针阀，侧身关闭 1 号生产总阀门。

(b) 缓慢打开 4 号测试阀门，放空至油压为零。

(c) 关闭截断阀取压阀，关闭下游截止阀，缓慢打开井口针阀，放空至地面管压为零。

(d) 关闭针阀，上紧井口针阀丝杆护套，关闭 5 号油管阀、4 号测试阀门，打开截断阀取压阀，点击截断阀起跳按钮，关闭截断阀（电磁阀）（图 1-45）。

(e) 向作业区调控中心汇报关井时间、油压、套压、流量、温度及关井原因。

(3) 收拾工具、用具，清洁场地。

(4) 填写关井记录。

项目六　井口紧急截断阀调试操作

一、准备工作

(1) 劳保用品准备齐全、穿戴整齐。

(2) 工具、用具与材料准备：600mm 防爆管钳 1 把，150mm 防爆活动扳手 1 把，22~24mm 防爆开口扳手 1 把，8~10mm 防爆开口扳手 1 把，防爆内六方扳手 1 套，防爆对讲机 2 部，验漏瓶 1 个，排污盆 1 个，棉纱若干，记录笔、本 1 套。

(3) 操作人员要求：一人操作，一人监护。

二、风险识别与消减措施

风险识别 1：复位过程中操作过猛造成复位手柄损坏、人员受伤。

消减措施：发生机械伤害，立即使伤者脱离伤害源，进行应急包扎后送往医院救治。

风险识别 2：调试过程中由于操作不当致使复位销钉滑脱，造成人员手部伤害。

消减措施：手动按钮复位时，采用专用工具进行调试。

三、技术要求

（1）必须打开取压阀，否则会导致紧急截断阀无法起跳。

（2）设定阀门欠压截断保护的压力值时，旋转超压弹簧的调节螺母上行，直至超压弹簧 Hcy 回缩，但不能压死，否则可能损坏机构元件。

四、标准操作规程

（一）操作流程

井口紧急截断阀调试操作流程见图 1-35。

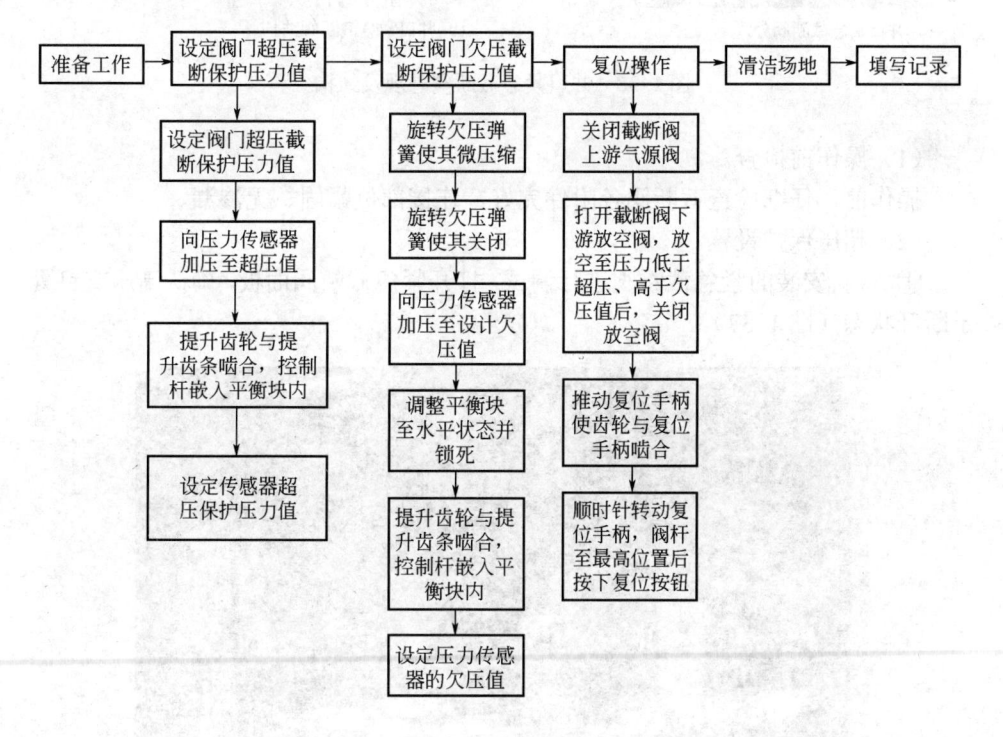

```
准备工作 → 设定阀门超压截断保护压力值 → 设定阀门欠压截断保护压力值 → 复位操作 → 清洁场地 → 填写记录
              ↓                              ↓                         ↓
         设定阀门超压截                  旋转欠压弹               关闭截断阀
         断保护压力值                    簧使其微压缩              上游气源阀
              ↓                              ↓                         ↓
         向压力传感器                    旋转欠压弹               打开截断阀下
         加压至超压值                    簧使其关闭               游放空阀，放
              ↓                              ↓                    空至压力低于
         提升齿轮与提                    向压力传感器              超压、高于欠
         升齿条啮合，控制                 加压至设计欠              压值后，关闭
         杆嵌入平衡块内                   压值                     放空阀
              ↓                              ↓                         ↓
         设定传感器超                    调整平衡块               推动复位手柄
         压保护压力值                    至水平状态并              使齿轮与复位
                                        锁死                     手柄啮合
                                            ↓                         ↓
                                        提升齿轮与提             顺时针转动复
                                        升齿条啮合，             位手柄，阀杆
                                        控制杆嵌入平             至最高位置后
                                        衡块内                   按下复位按钮
                                            ↓
                                        设定压力传感
                                        器的欠压值
```

图 1-35 井口紧急截断阀调试操作流程

（二）操作过程

井口紧急截断阀的外观及结构如图 1-36 所示。

(a) 井口紧急截断阀外观　　　　(b) 井口紧急截断阀结构

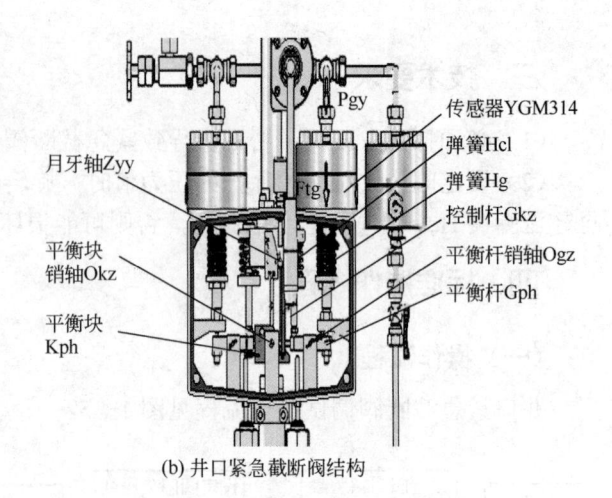

图 1-36　井口紧急截断阀外观及结构

（1）操作前检查。

操作前，仔细检查截断阀各附件完好，连接部位紧固、无渗漏。

（2）超压保护设置。

① 将新安装的紧急截断阀进行调试，打开紧急截断阀面板，确认高压支钉处于断开状态（图 1-37）。

图 1-37　高压支钉断开状态示意图

② 顺时针旋转紧急截断阀的超压保护设定旋钮至最大，先将复位手柄逆时针转动一定角度，向内推动复位手柄使齿轮和复位手柄啮合，然后顺时针转动紧急截断阀复位手柄，待转动到位后（阀杆到达其最高位置），按下紧急截断阀复位按钮，确认紧急截断阀平衡阀处于关闭状态，紧急截断阀取压阀处于打开状态。

③ 确认紧急截断阀下游外输截止阀（闸阀）处于关闭状态，缓慢打开针阀进行充压，通过紧急截断阀阀体下游安装的压力表观察压力表示值，达到预设定的超压保护值（4.2MPa）时关闭针阀（图1-38）。

图1-38 超压保护值示意图

④ 逆时针缓慢旋转紧急截断阀的超压保护设定旋钮,当紧急截断阀回坐时停止操作，此时的设定值即为紧急截断阀的超压保护设定值。

⑤ 超压保护设定值调试完成后，打开紧急截断阀下游外输截止阀（闸阀），打开紧急截断阀平衡阀，待紧急截断阀上下游压力平衡后，先将复位手柄逆时针转动一定角度，向内推动复位手柄使齿轮和复位手柄啮合，然后顺时针转动紧急截断阀复位手柄，待转动到位后（阀杆到达其最高位置），按下紧急截断阀复位按钮，使紧急截断阀处于开启状态。关闭紧急截断阀平衡阀，缓慢打开井口针阀进行充压，当压力表示值略高于预设定的超压保护起跳值时，紧急截断阀起跳，停止充压，关闭井口针阀。按上述方法测试紧急截断阀超压保护截断性能至少3次，若运行稳定则调试合格，否则应重新调试直到合格为止。

（3）欠压保护设置。

① 低压支钉处于断开状态（图1-39）。

② 顺时针旋转欠压保护设定旋钮至最小，打开紧急截断阀下游外输截止阀（闸阀），打开紧急截断阀平衡阀。

③ 当管道中的压力值略低于紧急截断阀的超压保护压力设定值时,先将复位手柄逆时针转动一定角度，向内推动复位手柄使齿轮和复位手柄啮合，然后顺时针转动紧急截断阀复位手柄，待转动到位后（阀杆到达其最高位置），按下紧急截断阀复位按钮，使紧急截断阀处于开启状态,关闭紧急截断阀下游外输截止阀（闸阀），关闭紧急截断阀平衡阀。

图 1-39 低压支钉断开示意图

④ 缓慢打开压力表放空阀进行放空，当压力表示值降至预设定的欠压保护值（0.5MPa）时停止放空。

⑤ 逆时针缓慢旋转紧急截断阀欠压保护设定旋钮，当紧急截断阀回坐时停止操作，此时的设定值即为紧急截断阀的欠压保护设定值。

⑥ 欠压保护设定值调试完成后，缓慢打开紧急截断阀下游外输截止阀（闸阀），待系统压力高于欠压保护值时，关闭紧急截断阀下游外输截止阀（闸阀），先将复位手柄逆时针转动一定角度，向内推动复位手柄使齿轮和复位手柄啮合，然后顺时针转动紧急截断阀复位手柄，待转动到位后（阀杆到达其最高位置），按下紧急截断阀复位按钮，使紧急截断阀处于开启状态。打开压力表放空阀放空，当压力表示值低于预设定的欠压保护起跳值时，紧急截断阀起跳，关闭放空阀。按上述方法测试紧急截断阀欠压保护截断性能至少 3 次，若运行稳定则调试合格，否则应重新调试直至合格为止。

（4）欠压保护起跳复位操作。

① 当欠压保护起跳后，打开紧急截断阀下游外输闸阀（图 1-40）。

② 当紧急截断阀下游压力升至设定的超压保护值以下、欠压保护值以上时，打开紧急截断阀平衡阀。

③ 先将复位手柄逆时针转动一定角度，向内推动复位手柄使齿轮和复位手柄啮合，然后顺时针转动紧急截断阀复位手柄，待转动到位后（阀杆到达其最高位置），按下紧急截断阀复位按钮，紧急截断阀处于开启状态，关闭紧急截断阀平衡阀。

④ 打开紧急截断阀下游外输截止阀（闸阀）恢复生产。

图 1-40　打开外输闸阀操作示意图

（5）超压保护起跳复位操作。
① 当超压保护起跳后，松开丝杆护套，关闭井口针阀。
② 打开紧急截断阀平衡阀，当紧急截断阀下游压力降至设定的超压保护值以下、欠压保护值以上时，先将复位手柄逆时针转动一定角度，向内推动复位手柄使齿轮和复位手柄啮合，然后顺时针转动紧急截断阀复位手柄，待转动到位后（阀杆到达其最高位置），按下紧急截断阀复位按钮，紧急截断阀处于开启状态，关闭紧急截断阀平衡阀。
③ 按开井标准作业程序开井。
（6）安装紧急截断阀面板，清洁紧急截断阀。
（7）记录测试次数及调整后高低压保护值，向作业区调控中心汇报调试情况。
（8）收拾工具、用具，清洁场地。

五、紧急截断阀常见故障及排除方法

紧急截断阀常见故障及排除方法如表 1-2 所示。

表 1-2　紧急截断阀常见故障及排除方法

故障现象	故障原因	排除方法
氮气瓶压力不足	阀门漏气	对阀门漏气处进行整改
	压力表显示不准确	更换压力表
紧急截断阀异常关闭	气动缸内单流阀内漏	手动打开紧急截断阀，更换气动缸单流阀

项目七　气井巡回检查操作

一、准备工作

（1）劳保用品准备齐全、穿戴整齐。

（2）工具、用具与材料准备：600mm防爆管钳1把，250mm防爆活动扳手1把，22~24mm防爆开口扳手1把，校验合格的压力变送器1块，压力表垫片若干，便携式气体检测仪1部，对讲机2部，护目镜1副，耳塞1副，验漏瓶1个，棉纱若干，巡井单、记录笔各1套。

（3）操作人员要求：一人操作。

二、风险识别与消减措施

风险识别1：天然气泄漏导致中毒伤害及火灾事故。

消减措施：进行井口检查时，要测试硫化氢与可燃气体的含量，防止发生中毒与火灾事故。

风险识别2：管线及阀门超压可能引起人身伤害。

消减措施：操作时要缓慢操作，严格控制压力，使其在规定范围内。

三、技术要求

（1）巡井期间必须严格按照资料录取规定取全、取准各项资料。

（2）录取压力、温度时，若数据远传或压力、温度不正常时，须更换备用、合格的压力变送器进行录取。

（3）更换压力变送器时严格按照《更换压力变送器操作规程》操作。

（4）资料录取后认真检查流程，流程正确、无误后方可离开。

（5）巡井完成后，作业人员必须及时将巡井情况反馈给作业区调控中心值班人员。

四、标准操作规程

（一）操作流程

气井巡回检查操作流程见图1-41。

（二）操作过程

（1）检查并确认各阀门开关状态及附件是否齐全、完好，井口装置及各连接件密封是否严密、有无泄漏（若井口有紧急截断阀，检查井口紧急截断阀开关状态是否正确，各附件是否齐全完好）。

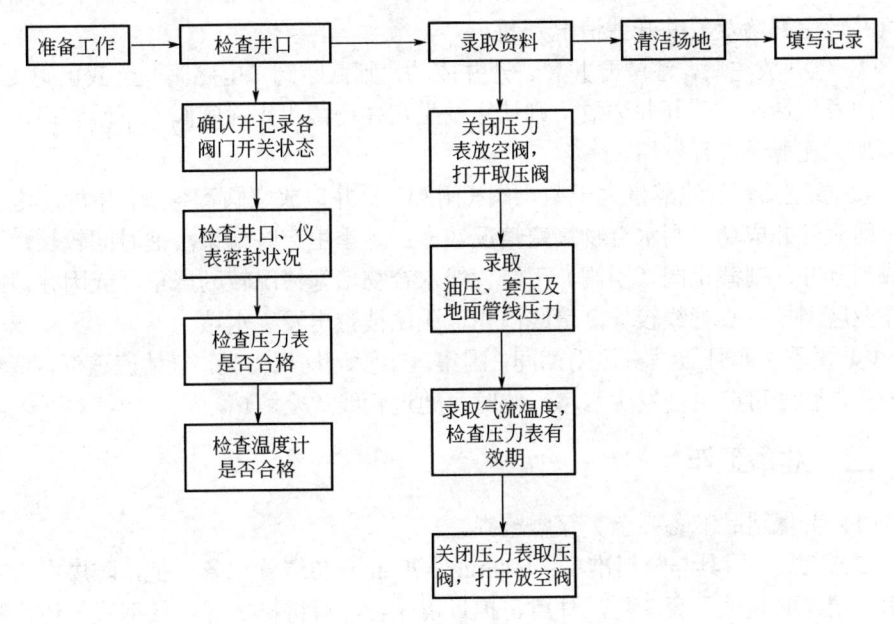

图 1-41　气井巡回检查操作流程图

（2）关闭油压压力变送器取压阀，打开放空阀泄压，检查压力变送器是否归零，关闭放空阀，打开压力变送器后盖，检查压力变送器是否在有效期内使用，显示是否正常，否则更换备用的压力变送器，打开压力变送器取压阀，录取油压值；按此方法录取套压、管压。

（3）检查流量计显示是否正常，录取井口流量、温度、压力。

（4）检查井场围栏是否完好，数据远传设备是否正常。

（5）填写巡井记录，将所录取的资料与作业区调控中心进行核对。

（6）收拾工具、用具，清洁现场。

项目八　气井解堵操作

一、井堵位置判断

（1）气井发生堵塞时，井口流量计无流量，气流温度为环境温度。

（2）气井井堵后若油压和正常生产状态下的管压持平，且截断阀（电磁阀）未起跳，则说明油管发生水合物堵塞。

（3）若截断阀（电磁阀）起跳坐死，井口油压升高，地面管压较低，则井口针阀至截断阀（电磁阀）间管线堵塞。

（4）若截断阀（电磁阀）起跳坐死，且管压高于正常运行压力（接近、达到或超过截断阀设定的高压保护值），则截断阀（电磁阀）下游堵塞，具体位置需根据气井放空解堵及气井开井情况判断。

① 气井放空后，注醇开井。若开井成功，则截断阀（电磁阀）至截止阀（闸阀）间发生堵塞；若开井失败，则堵塞发生在井场截止阀（闸阀）下游管段，需继续加大注醇量进行解堵。

② 放空后，若注醇量大于截止阀（闸阀）至井口放空阀管容量，甲醇浸泡一段时间后开井成功，则水合物堵塞情况较多；冬季生产时如果浸泡时间较长，不能成功开井，则截止阀（闸阀）下游管线水合物堵塞情况较为严重，或因井口距离作业区调控中心管线较长，管线内积液无法被带出发生水堵。

③ 夏季生产且压缩机停用期间，因集气干管运动压力高，气体流速低，携液能力差，管线可能也会发生水堵，此时可通过管线放空解堵。

二、准备工作

（1）劳保用品准备齐全、穿戴整齐。

（2）工具、用具与材料准备：600mm、900mm防爆管钳各1把，防爆内六方扳手1把，耐腐蚀手套3副，耳罩、护目镜3套，对讲机3部，便携式气体检测仪1部，4kg灭火器1个，8kg灭火器1个，消防毡若干，安全警戒线若干，操作台1架，注醇车1台，生料带、棉纱若干。

（3）操作人员要求：两人操作，一人监护。

三、风险识别与消减措施

风险识别1：甲醇飞溅导致人身伤害。

消减措施：操作时人要站在上风口，戴护目镜，防止甲醇飞溅伤人。

风险识别2：放空时产生的噪声造成人身伤害。

消减措施：操作人员必须佩戴护耳塞。

风险识别3：解堵过程中井口发生焊缝开裂或法兰刺漏，导致天然气泄漏引发火灾。

消减措施：操作时必须控制注醇压力，防止超压导致火灾造成人员伤亡。

风险识别4：操作注醇泵时造成机械伤人与烫伤。

消减措施：操作时必须站在安全位置，防止机械伤害及烫伤。

风险识别5：注醇过程中流程切换不当导致窜压、超压事故发生。

消减措施：注醇过程中必须对井口高、中压区域进行隔离，严防窜压、超压事故发生。

四、技术要求

（1）井口紧急截断阀（电磁阀）下游管线及地面管线注醇时，必须确保注醇压力小于 5.0MPa。

（2）若干管冻堵，必须在站内放空解堵，就近注醇解堵。

（3）确保注醇车无漏点，防火措施齐全。

五、标准操作规程

（一）放空解堵

1. 操作流程

放空解堵操作流程见图 1-42。

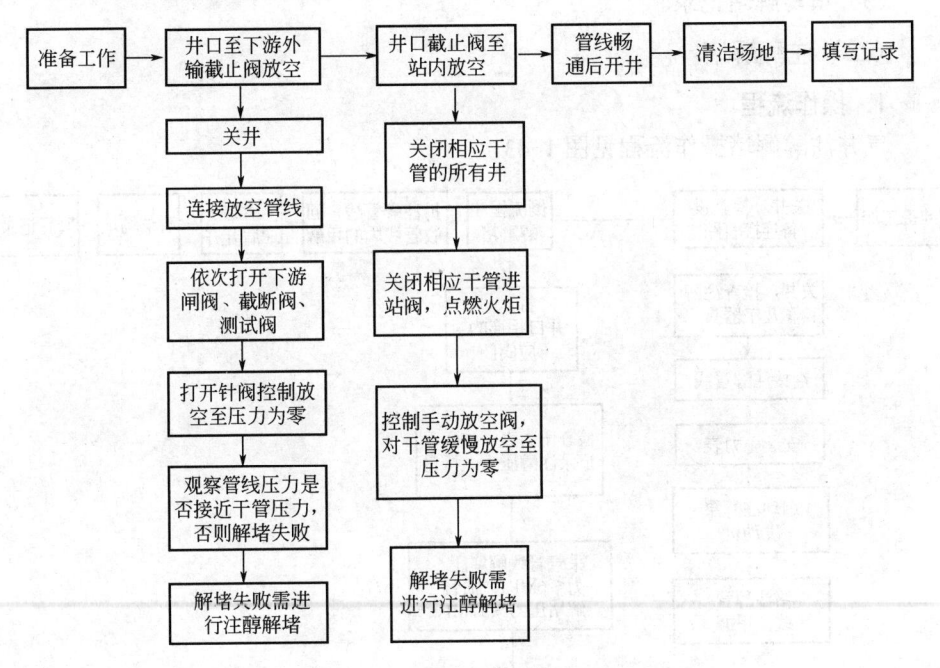

图 1-42 气井放空解堵操作流程

2. 操作过程

（1）井口至下游外输闸阀放空。

① 按关井作业操作规程关井，先关针阀，然后关闭生产总阀。

② 依次打开下游闸阀、截断阀（电磁阀）、4 号测试阀，打开针阀控制放空，将井口生产管线内压力泄压放空为零。

③ 观察管线压力,若管压接近干管压力,解堵成功;若管压远低于干管压力,解堵失败。

④ 若放空后管线仍然冻堵,则按照注醇操作规程进行管线注醇解堵。

(2) 井口截止阀至站内放空。

① 按关井操作规程关闭相应干管的所有井。

② 关闭相应干管的进站阀门,点燃火炬。

③ 控制手动放空阀,对干管进行缓慢放空,直至压力为零。

④ 若放空后管线仍然冻堵,则按照注醇操作规程进行管线注醇解堵(必须确保注醇压力小于 5.0MPa)。

(3) 确认管线畅通后按开井操作规程进行开井操作。

(4) 收拾工具、用具,清洁场地。

(5) 填写解堵记录。

(二) 注醇解堵

1. 操作流程

气井注醇解堵操作流程见图 1-43。

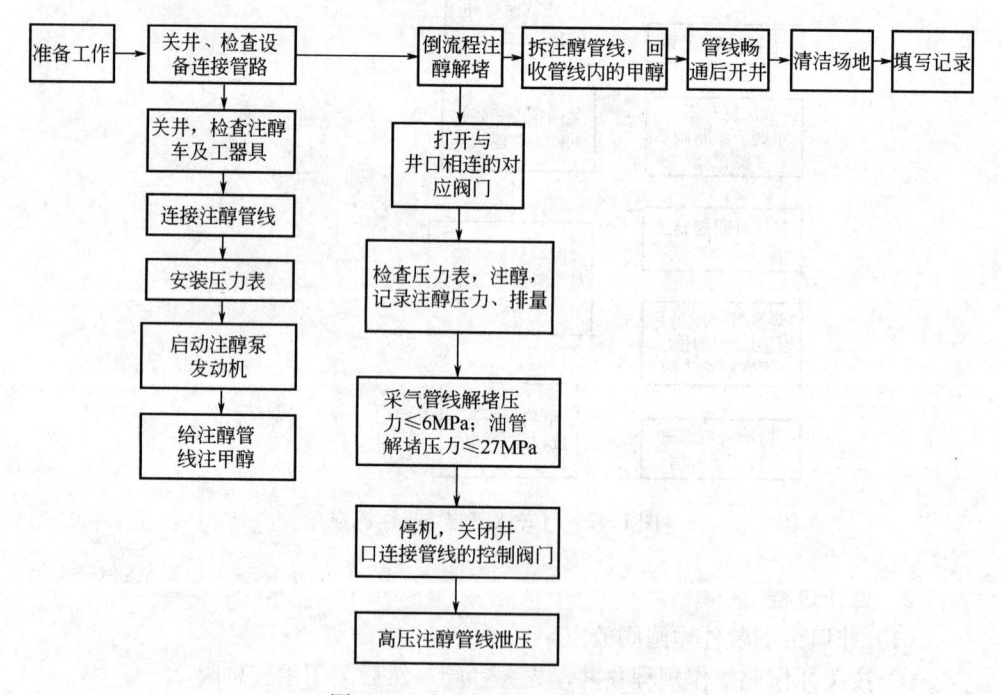

图 1-43 气井注醇解堵操作流程

2. 操作过程

（1）连接安全警戒线，隔离生产区域（图1-44）。

图1-44　安全警戒示意图

（2）关井，检查设备及连接管路。

① 按关井作业程序进行关井。

② 检查注醇车的甲醇罐液位并记录，检查高压软管及接头有无裂纹、起包，发动机的油位、防冻液、电瓶是否符合要求，注醇泵安全附件是否齐全完好，车载工具配备是否齐全。

③ 将高压软管一头与测试阀门外侧法兰相连，另一头与车载注醇泵出口相连（图1-45）。

图1-45　管路连接示意图

④ 检查注醇泵出口压力表是否正常，依次打开注醇泵进口阀，启动注醇泵发动机，打开放空阀，调节注醇泵量程，当放空阀见液时关闭放空阀，打开注醇泵出口阀，给软管内注一定数量的甲醇，压力达到井口压力。

(3) 倒流程注醇解堵。

① 地面管线解堵：关闭生产总阀门，依次缓慢打开油管阀、针阀、截断阀（电磁阀）、下游截止阀（闸阀），注醇泵压力逐渐上升，当压力升高到一定值（注醇压力不得超过 6.0MPa）稳定一段时间后，突然下降接近管压值时，解堵成功，调节注醇泵量程归零，观察并记录注醇罐液位。

② 关闭测试阀门，停注醇泵，依次关闭注醇泵出口阀、进口阀（图 1-46）。

图 1-46 关闭注醇泵阀门示意图

③ 通过测试阀门对高压软管泄压至零。

(4) 缓慢拆卸高压注醇管线，并将管线内残留的甲醇回收倒入甲醇罐中。

(5) 确认管线畅通后，按开井标准操作规程进行开井操作，记录开井参数，并向作业区调控中心汇报。

(6) 收拾工具、用具，清洁场地，填写解堵记录。

项目九 井口装置保养标准操作

一、准备工作

(1) 劳保用品准备齐全、穿戴整齐。

(2) 工具、用具与材料准备：600mm 防爆管钳或防爆 F 形扳手 1 把，250mm 防爆活动扳手 1 把，150mm 防爆平口螺丝刀 1 把，对讲机 2 部，验漏瓶 1 个，黄油枪 1 个，机油壶 1 个，剪刀 1 把，钢丝刷 1 个，砂纸、黄油、机油、棉纱若干，记录笔、纸1套。

（3）操作人员要求：一人操作，一人监护。

二、风险识别与消减措施

风险识别1：天然气泄漏引起火灾。

消减措施：保养井口时要进行验漏，并用便携式气体检测仪检测天然气浓度。

风险识别2：阀门丝杆飞出或工具飞出伤人。

消减措施：操作阀门时应站在阀门侧面，缓慢、平稳操作，防爆管钳或防爆F形扳手开口向外侧搭接。

三、技术要求

对于正在进行井下作业或相关试验工作的气井，开展井口维护保养作业前需向作业区调控中心请示汇报，经批准同意后方可进行相关作业。

四、标准操作规程

（一）简易井口

1. 操作流程

简易井口装置保养标准操作流程见图1-47。

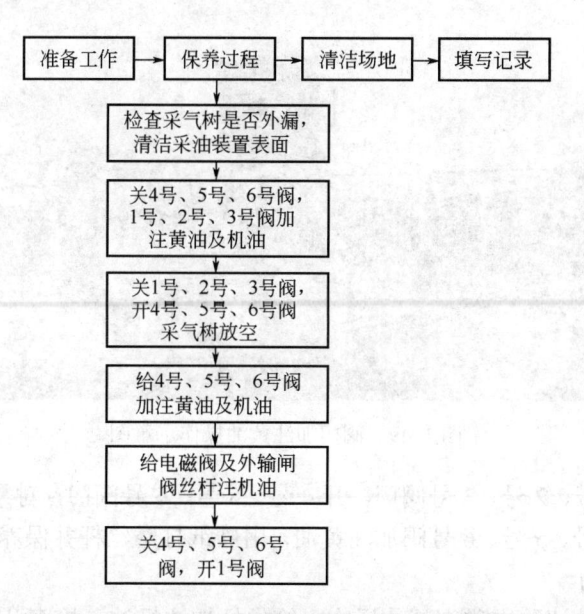

```
准备工作 → 保养过程 → 清洁场地 → 填写记录
              ↓
        检查采气树是否外漏，
        清洁采油装置表面
              ↓
        关4号、5号、6号阀，
        1号、2号、3号阀加
        注黄油及机油
              ↓
        关1号、2号、3号阀，
        开4号、5号、6号阀
        采气树放空
              ↓
        给4号、5号、6号阀
        加注黄油及机油
              ↓
        给电磁阀及外输闸
        阀丝杆注机油
              ↓
        关4号、5号、6号
        阀，开1号阀
```

图1-47　简易井口装置保养标准操作流程

2. 操作过程

（1）用验漏瓶检查采气树外漏情况，清洁表面污物及阀门丝杆污物（图1-48）；检查采气树阀门开关状态。

图1-48　阀门丝杆除污操作示意图

（2）关4号、5号、6号阀门，用黄油枪对1号、2号、3号阀加注黄油（图1-49），用砂纸打磨丝杆并保养丝杆，往复开关2次，清除污物。

图1-49　阀门加注黄油操作示意图

（3）关1号、2号、3号阀门，开4号、5号、6号阀门，对采气树进行放空，用黄油枪对4号、5号、6号阀加注黄油，用砂纸打磨丝杆并保养丝杆，往复开关2次，清除污物。

（4）用棉纱清除电磁阀阀体污物，给丝杆加注机油，检查开关状况，用砂纸清除锈迹、污物（图1-50）。

图 1-50　电磁阀保养操作示意图

（5）保养外输闸阀及丝杆，关 4 号、5 号、6 号阀门，开 1 号阀门，恢复生产。

（6）填写井口维护保养记录，并向作业区调控中心汇报。

（二）标准井口

1. 操作流程

标准井口装置保养标准操作流程见图 1-51。

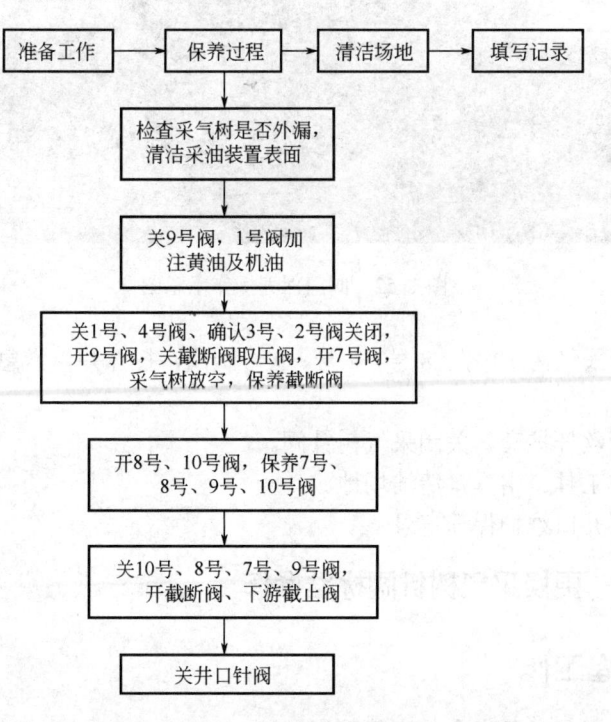

```
准备工作 → 保养过程 → 清洁场地 → 填写记录
              ↓
     检查采气树是否外漏，
       清洁采油装置表面
              ↓
     关9号阀，1号阀加
        注黄油及机油
              ↓
   关1号、4号阀，确认3号、2号阀关闭，
   开9号，关截断阀取压阀，开7号阀，
      采气树放空，保养截断阀
              ↓
     开8号、10号阀，保养7号、
         8号、9号、10号阀
              ↓
     关10号、8号、7号、9号阀，
        开截断阀、下游截止阀
              ↓
          关井口针阀
```

图 1-51　标准井口装置保养标准操作流程

2. 操作过程

（1）用验漏瓶检查采气树外漏情况，清洁表面污物及阀门丝杆污物。

（2）检查采气树阀门开关状态，确认是短期关井，关闭9号阀门，拆卸采气树1号阀门丝杆护套及手轮，用细砂纸打磨丝杆，用钢丝刷清理丝杆污物，用黄油枪加注黄油并用机油壶加注机油，安装手轮及护套，往复开关2次。

（3）戴耳塞、护目镜对采气树进行放空：依次关闭1号生产总阀门、4号生产总阀门（图1-87），检查确认3号套管阀门、2号套管阀门处于关闭状态，打开9号阀门，关闭井口紧急截断阀的取压阀，缓慢打开7号阀对采气树进行放空，控制针阀对地面管线放空，用内六方打开紧急截断阀护罩，用机油保养连杆，清除阀体污物。

（4）打开8号、10号阀门，用黄油枪对针阀、7号阀门、9号阀门、8号阀门、10号阀门加注黄油（图1-52），往复开关2次。

图1-52　阀门保养操作示意图

（5）关闭采气树10号、8号、7号、9号阀门，打开井口紧急截断阀取压阀、下游截止阀。

（6）松开丝杆护套，关闭采气树针阀。

（7）收拾工具、用具，清洁场地。

（8）填写井口维护保养记录。

项目十　更换采气树针阀标准操作

一、准备工作

（1）劳保用品准备齐全、穿戴整齐。

（2）工具、用具与材料准备：600mm 防爆管钳 1 把，300mm 防爆活动扳手 1 把，36mm 防爆梅花敲击扳手 1 把，200mm 防爆平口螺丝刀 1 把，撬杠 2 根，对讲机 2 部，验漏瓶 1 个，钢丝刷 1 把，合格针阀 1 个，针阀配套内钢圈 2 个，螺栓、螺帽、棉纱、黄油若干，螺栓松动剂若干，排污盆 1 个，记录笔、本 1 套，便携式气体检测仪检 1 部，耳塞 3 副。

（3）操作人员要求：两人操作，一人监护。

二、风险识别与消减措施

风险识别 1：流程切换不当引起天然气泄漏。

消减措施：切换流程时操作人员站在阀门的侧位进行操作。

风险识别 2：更换针阀时，打开流程，天然气放空时，当心中毒。

消减措施：操作时用便携式气体检测仪检测有毒气体含量，操作人员站在上风口进行放空操作。

风险识别 3：更换针阀过程中引发机械伤害。

消减措施：更换、移动针阀时，操作人员相互配合，防止发生机械砸伤事故。

风险识别 4：拆卸针阀时没有放空，带压操作引起人员伤害。

消减措施：拆卸针阀前必须放空至压力为零后才可进行操作。

风险识别 5：放空时的噪声伤害。

消减措施：放空操作时操作人员必须佩戴耳塞，防止噪声伤害。

三、技术要求

（1）操作阀门需缓慢、平稳。

（2）检验阀门泄漏包括阀门内漏和外漏。

四、标准操作规程

（一）操作流程

更换采气树针阀标准操作流程见图 1-53。

（二）操作过程

（1）更换。

① 确认气井生产流程正常，各连接部位无渗漏，记录生产参数，通知作业区调控中心关井，按照气井关井操作中的短期关井操作要求，关闭针阀、油管阀门、井场出口截止阀（闸阀），手动打开电磁阀。

② 缓慢打开采气树油管取压阀放空，确认油压为零后，再缓慢打开针阀，将地面管线泄压为零。

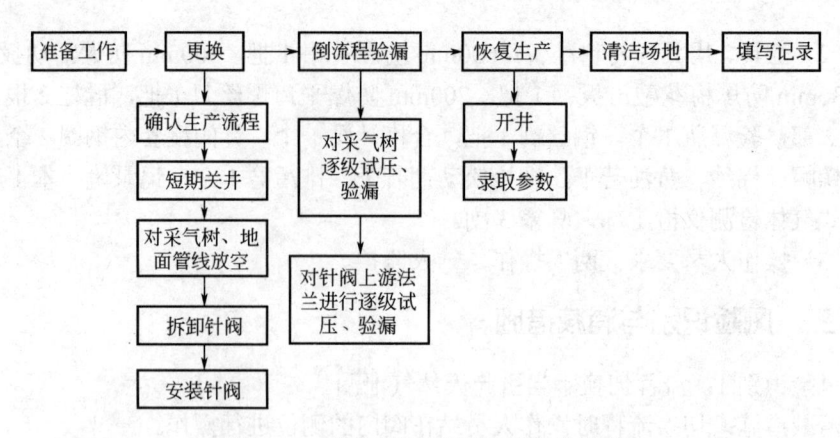

```
准备工作 → 更换 → 倒流程验漏 → 恢复生产 → 清洁场地 → 填写记录
```

图 1-53　更换采气树针阀标准操作流程

③ 拆卸针阀螺栓，卸下需要更换的针阀，取下钢圈垫子，保养上下法兰密封面并涂抹黄油，将钢圈垫子放入密封槽，按正确的方向安装针阀，对角紧固螺栓。

（2）倒流程验漏。

① 确认新更换的针阀处于关闭状态，缓慢打开油管阀门，对采气树缓慢逐级升压至井口压力的 30%、60%、100%，分别对已换针阀上游法兰进行试压、验漏。

② 手动关闭电磁阀，对针阀下游法兰缓慢逐级升压至井口压力的 30%、60%、100%，分别对针阀下游法兰进行试压、验漏。

（3）恢复生产。

① 验漏合格后，恢复流程，按照采气树开井标准操作程序，通知作业区调控中心准备开井。

② 气井生产稳定后，录取套管压力、油管压力、管线压力、流量、温度等参数，并向作业区调控中心报告开井时间及油管、套管压力等参数。

（4）收拾工具、用具，清洁场地。

（5）填写针阀更换记录。

项目十一　开启井口高低压截断阀标准操作

一、准备工作

（1）劳保用品准备齐全、穿戴整齐。

（2）工具、用具与材料准备：600mm 防爆管钳 1 把，防爆内六方扳手 1 套，对讲机 2 部，验漏瓶 1 个，棉纱若干，记录本、笔 1 套。

（3）操作人员要求：一人操作，一人监护。

二、风险识别与消减措施

风险识别：当心刺漏。
消减措施：站在阀门侧位进行操作。

三、技术要求

（1）操作闸阀需缓慢、平稳，全开或全关。
（2）检验阀门泄漏包括阀门内漏和外漏。

四、标准操作规程

（一）操作流程

开启井口高低压截断阀标准操作流程见图1-54。

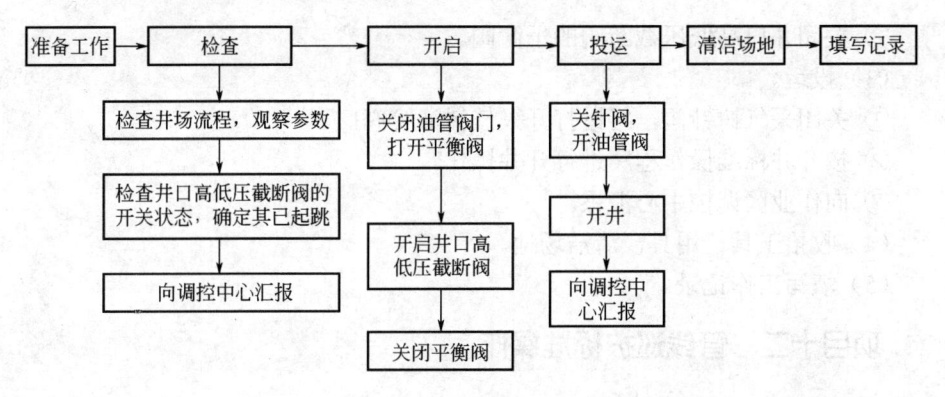

图1-54 开启井口高低压截断阀标准操作流程

（二）操作过程

（1）检查。
① 检查井场流程，观察套管压力、油管压力、地面管线压力、流量、温度。
② 检查井口高低压截断阀的开关状态，确认高低压截断阀已起跳（图1-55）。
③ 向作业区调控中心汇报。
（2）开启。
① 关闭采气树油管阀门。
② 打开井口高低压截断阀的平衡阀，平衡压力，待截断阀下游管线压力与油压平衡时，按下提升手柄，顺时针旋转，待观察孔显示"开启"的位置时，按下开启按钮，松开提升手柄。

47

图 1-55　高低压截断阀示意图

③ 关闭井口高低压截断阀的平衡阀。
（3）投运。
① 关闭采气树针阀，缓慢打开采气树油管阀门。
② 按开井标准操作程序进行开井操作。
③ 向作业区调控中心汇报。
（4）收拾工具、用具，清洁场地。
（5）填写工作记录。

项目十二　管线巡护标准操作

一、准备工作

（1）劳保用品准备齐全、穿戴整齐。
（2）工具、用具与材料准备：探管仪 1 套，GPS 定位仪 1 部，照相机 1 部，对讲机 2 部，管线巡护记录表、笔 1 套，井区道路图、管网图 1 套，食物、饮用水若干。
（3）操作人员要求：两人操作。

二、风险识别与消减措施

风险识别：五级以上大风或雨雪、雷电、沙尘、高温等天气引起人员伤害。
消减措施：禁止巡护。

三、标准操作规程

(一)操作流程

管线巡护标准操作流程如图 1-56 所示。

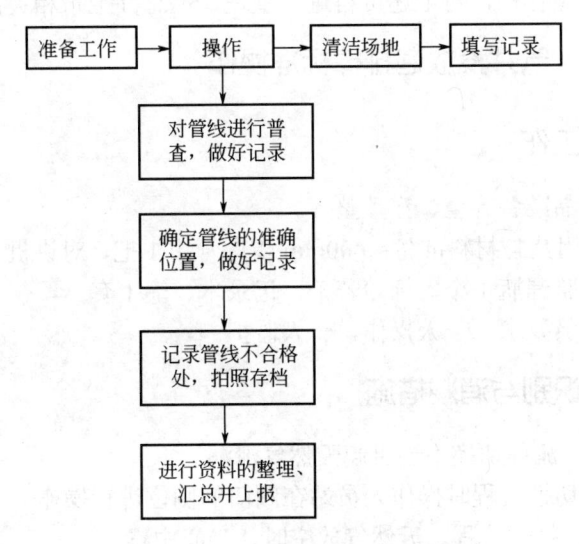

图 1-56 管线巡护标准操作流程

(二)操作过程

(1)从指定管线标示桩出发,按探测点 20m 的间距沿管线作业带对管线进行埋深探测及防风固沙情况的普查(图 1-57),记录植被恢复、管线埋深情况,管线标示桩完好情况。

图 1-57 管线埋深探测操作示意图

（2）在与管线垂直的方向左右移动，确定管线的准确位置，读取观测点间距离、管线埋深数据，并做好记录；按 GPS 电源开机，记录当前经纬度、海拔高度等数据。

（3）记录管线埋深不足处及防风固沙不合格处的位置坐标、详细参数，对于管线裸露处要拍照存档，对上述资料进行整理、汇总并上报相关部门。

项目十三　气井投放泡排棒标准操作

一、准备工作

（1）劳保用品准备齐全、穿戴整齐。
（2）工具、用具与材料准备：600mm 防爆管钳 1 把，对讲机 2 部，泡排棒若干，耳塞 2 副，验漏瓶 1 个，棉纱若干，记录本、笔 1 套。
（3）操作人员要求：一人操作，一人监护。

二、风险识别与消减措施

风险识别 1：流程切换不当引起天然气泄漏。
消减措施：切换流程时操作人员站在阀门的侧位进行操作。
风险识别 2：打开流程，天然气放空时，当心中毒。
消减措施：操作人员站在上风口进行放空操作。
风险识别 3：投放泡排棒时没有放空，带压操作造成人员伤害。
消减措施：投放泡排棒前必须放空至压力为零后才可进行操作。
风险识别 4：放空时的噪声伤害。
消减措施：放空操作时操作人员必须佩戴耳塞，防止噪声伤害。

三、技术要求

（1）阀门操作须缓慢、平稳。
（2）检验阀门泄漏包括内漏和外漏。

四、标准操作规程

（一）操作流程

气井投放泡排棒标准操作流程见图 1-58。

（二）操作过程

（1）检查。
① 检查泡排棒型号是否匹配。

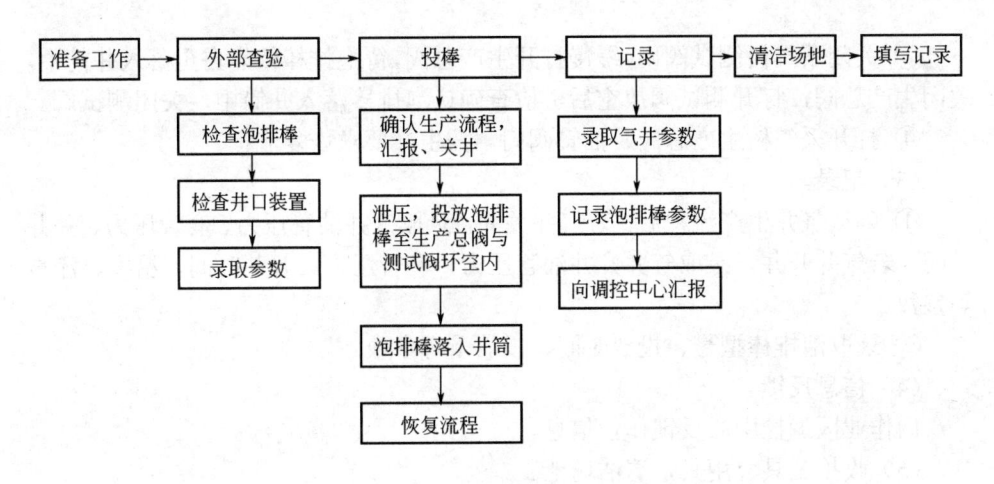

图 1-58　气井投放泡排棒标准操作流程

② 检查泡排棒是否在有效期内。
③ 检查采气井口装置有无外漏、阀门开关是否灵活。
④ 录取套管压力、油管压力、地面管线压力、流量、温度。
（2）投棒。
① 确认气井生产流程，向作业区调控中心汇报××井因投放泡排棒准备关井，关闭采气树针阀、油管阀、生产总阀。
② 佩戴耳塞，操作人员站在操作台上且位于上风口，缓慢打开测试阀对采气树泄压至压力为零，将泡排棒投放至生产总阀与测试阀环空内（图 1-59）。

图 1-59　泡排棒投放操作示意图

51

③ 关闭采气树测试阀门，缓慢打开生产总阀，待泡排棒依靠自重落入井筒中，关闭生产总阀，打开测试阀放空后，检查确认泡排棒落入井筒中，关闭测试阀。

④ 打开采气树生产总阀、油管阀门，按生产要求恢复流程。

（3）记录。

① 确认气井生产流程后，若气井关井，录取气井油管压力、套管压力、关井时间；若气井开井，录取气井开井油管压力、套管压力、开井时间、温度、流量等参数。

② 录取泡排棒型号、投放时间、投放量等参数。

（4）信息反馈。

向作业区调控中心反馈作业信息。

（5）收拾工具、用具，清洁场地。

项目十四　新井交接标准操作

一、准备工作

（1）劳保用品准备齐全、穿戴整齐。

（2）工具、用具与材料准备：600mm 防爆管钳 1 把，相机 1 部，GPS 定位仪 1 部，便携式气体检测仪 1 部，30m 卷尺 1 把，验漏瓶 1 个，肥皂水 1 桶，耳塞 2 副，手钳 1 把，铁丝、棉纱若干，新井交接单、记录笔 1 套。

（3）操作人员要求：一人操作。

二、风险识别与消减措施

风险识别 1：放空引起火灾、中毒。

消减措施：接井时要进行验漏，并用便携式气体检测仪检测天然气浓度，站在上风口进行放空操作。

风险识别 2：阀门丝杆飞出或工具飞出伤人。

消减措施：操作阀门时应站在阀门侧面，缓慢、平稳操作。

风险识别 3：放空时引起噪声伤害。

消减措施：放空操作时要佩戴耳塞缓慢操作。

三、技术要求

（1）闸阀操作须缓慢、平稳，全开或全关。

（2）检验阀门泄漏包括内漏和外漏。

四、标准操作规程

（一）操作流程

新井交接标准操作流程见图1-60。

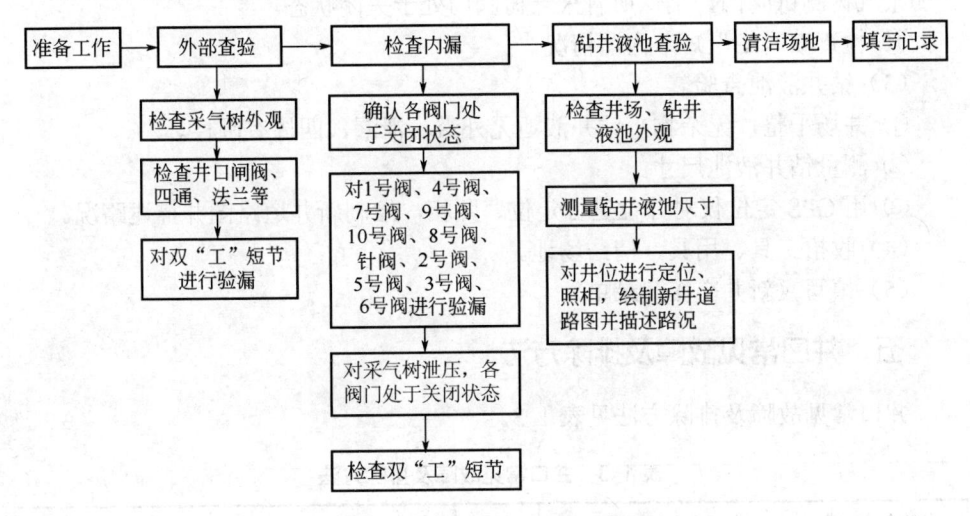

图1-60　新井交接（标准采气树）标准操作流程

（二）操作过程

（1）外部查验。

① 采气树横平竖直，双"工"短节裸露于地面。

② 井口闸阀安装方向一致，阀杆垂直于采气树且平行于地面，井口阀门手轮、丝杆护套、采气树各阀门、大四通铭牌齐全完好，螺栓长短均匀，法兰面平整。

③ 用肥皂水对双"工"短节进行验漏。

（2）检查内漏。

① 确认采气树各阀门处于关闭状态。

② 缓慢全开测试阀门、4号阀门，检查1号阀门内漏情况。

③ 关闭4号阀门，缓慢打开1号阀门，检查4号阀门内漏情况。

④ 缓慢关闭测试阀门，打开4号阀门，检查测试阀门内漏情况。

⑤ 全开10号阀门，检查9号阀门内漏情况。

⑥ 关闭10号阀门，全开9号阀门，检查10号阀门内漏情况。

⑦ 全开针阀，检查8号阀门内漏情况。

⑧ 关闭针阀，缓慢打开8号阀门，检查针阀内漏情况。

⑨ 缓慢全开5号阀门，检查2号阀门内漏情况。

⑩ 关闭 5 号阀门，缓慢全开 2 号阀门，检查 5 号阀门内漏情况。
⑪ 缓慢全开 6 号阀门，检查 3 号阀门内漏情况。
⑫ 关闭 6 号阀门，全开 3 号阀门，检查 6 号阀门内漏情况。
⑬ 无泄漏后，关闭 1 号阀门，打开测试阀门对采气树进行放空泄压，泄压后关闭采气树测试阀门，确保所有采气树阀门处于关闭状态。
⑭ 检查双"工"短节内漏情况。
（3）钻井液池查验。
① 井场平整，无杂物，钻井液池无外溢、泄漏，四周有围栏。
② 测量钻井液池尺寸。
③ 用 GPS 定位仪对井位进行定位、照相，绘制新井道路图并描述路况。
（4）收拾工具、用具，清洁场地。
（5）填写《新井交接记录单》。

五、井口常见故障及排除方法

井口常见故障及排除方法见表 1-3。

表 1-3　井口常见故障及排除方法

故障名称	故障现象	处理方法
阀门内漏	阀门已经关闭到位但天然气仍可流过，在上、下游存在压差的情况下，可听到气流声	（1）用气流吹扫清除杂质，使阀门不再内漏； （2）更换新阀门，对内漏阀门进行更换维修
流量计无显示	流量计无读数显示	（1）检查流量计内部接线，确保无松动或掉出；检查电池电量，电量不充足进行更换； （2）其他外部条件无问题时，检查主电路板有无问题，如有问题可进行更换处理
紧急截断阀无法复位	紧急截断阀（电磁阀）正常启跳，但无法提升复位，一般发生在冬季	拆开阀芯，清除内部冰堵物，并对阀杆进行保养
压力变送器故障	压力变送器不落零或损坏	（1）对压力变送器取压管路进行吹扫、解堵； （2）对压力变送器进行落零检查，及时更换不合格的压力变送器

第二章

集气站标准操作

第一节　分离器及相关标准操作

一、分离器

分离器是分离气液（固）的重要设备。分离器的分离原理包括：重力分离、离心分离和碰撞聚结分离等。目前分离器按其作用原理分为重力式分离器、旋风式分离器、混合式分离器。

（一）重力分离器

1. 工作原理

如图 2-1 所示，重力分离器主要是利用液（固）体和气体之间的重度差分离液（固）体的。气液混合物进入分离器后，液（固）体被气体携带一起向上运动，但是，由于液（固）体的重度比气体大得多（如在 5MPa 时，水的重度是甲烷重度的 28 倍），同时液（固）体还受到向下的重力作用而向下沉降，如果液滴足够大，以致其沉降速度大于被气体携带的速度，液滴就会向下沉降被分离出来（对固体颗粒也一样）。

为了提高重力分离器的效率，进口管线多以切线进入，利用离心力对液体作初步分离。在分离器中还安装一些附件（如除雾器等），利用碰撞原理分离微小的雾状液滴；雾状液滴不断碰撞到已润湿的捕丝网表面上并逐渐聚积，当直径增大到其重力大于上升气流的升力和丝网表面的黏着力时，液滴就会沉降下来。

2. 重力分离器的分类及结构

重力分离器是根据重力分离原理设计的，因此其结构大同小异，根据安装形式和内部附件的不同可分为立式、卧式及三相重力分离器三种。前两种用于分离气液（固）两相，第三种是把液体再分开（如油和水、油和乙二醇等）。

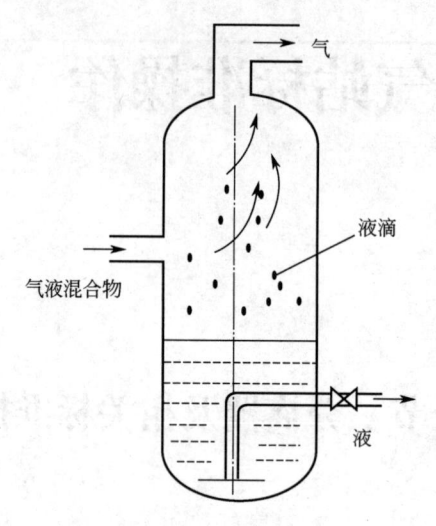

图 2-1　重力分离器作用原理

1）立式重力分离器

立式重力分离器由分离段、沉降段、除雾段、储存段几部分组成。

分离段：气液（固）混合物由切向进口进入分离器后旋转，在离心力作用下重度大的液（固）体被抛向器壁顺流而下，液（固）体得到初步分离。

沉降段：沉降段直径比气液混合物进口管直径大得多（一般是 1000∶159），所以气流在沉降段流速急速降低，有利于较小液（固）滴在其重力作用下沉降。

除雾段：用来捕集未能在沉降段内分离出来的雾状液滴。捕集器有翼状和丝网两种。

丝网捕集器是用直径 0.1~0.25mm 的金属丝（不锈钢丝、紫铜丝等）或尼龙丝、聚乙烯丝编织成线网，再不规则地叠成网垫制成，如图 2-2 所示。它可分为高效型、标准型、高穿透型三种。

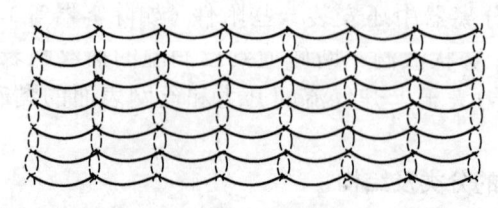

图 2-2　丝网结构

高效型丝网编织密集，用于除雾要求高的场合；标准型丝网编织次之，用于一般除雾；高穿透型丝网编织稀疏，用于液体或气体较脏的场合。丝网捕集器是利用碰撞原理分离液滴的，其作用原理如图 2-3 所示。捕集器一般能除去直径为 10～30μm 的微粒。

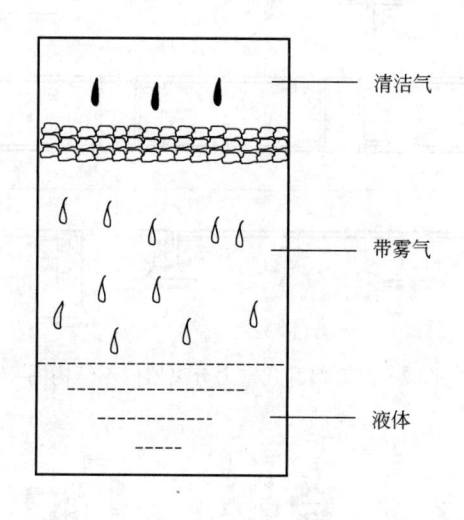

图 2-3　丝网捕集器

储存段：储存分离下来的液（固）体，经排液管排出。排污管的作用是定期排放污物（如泥砂、锈蚀物等），防止污物堆积堵塞排液管。

影响重力分离器效率的主要因素是分离器的直径。在气量一定、工作压力一定时，直径大，气流速度低，对分离细小液滴有利。

2）卧式重力分离器

（1）构造及工作原理。

卧式重力分离器内部设置有导流板捕雾器、波纹板捕雾器、丝网捕雾器等部件，各部件对气流均具有很强的搅动作用，主要目的是实现对通过流体的搅动，并利用流体方向不断改变的特点，使液滴在离心力的作用下被甩到各捕雾器部件上，从而形成液流流向储液筒，实现天然气中游离水的脱除。卧式重力分离器可分离单井来气中的气体中所携带的大于 8μm 的固体颗粒和大于 15μm 的液滴及 0.5μm 的液雾等。气田常用双筒卧式重力分离器的内部结构如图 2-4 所示，外观如图 2-5 所示。

57

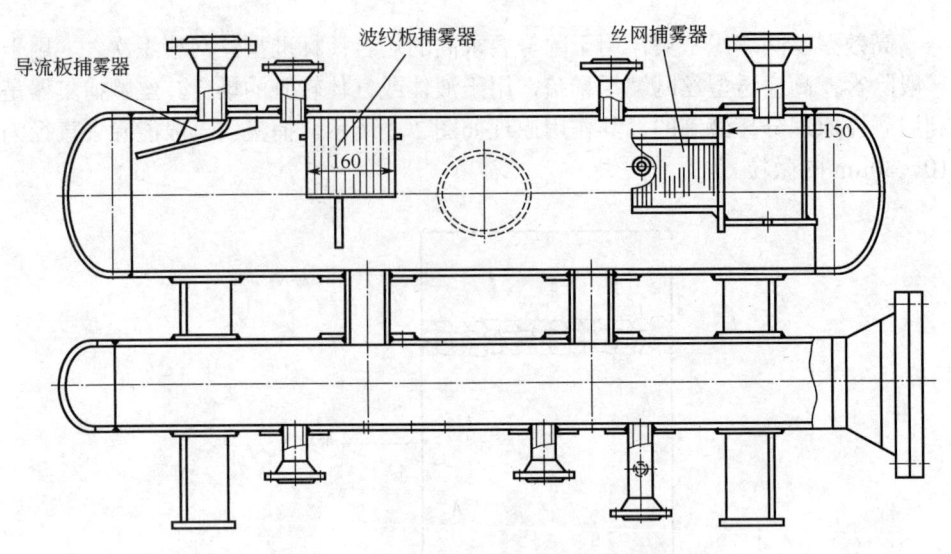

图 2-4 双筒卧式重力分离器内部结构图

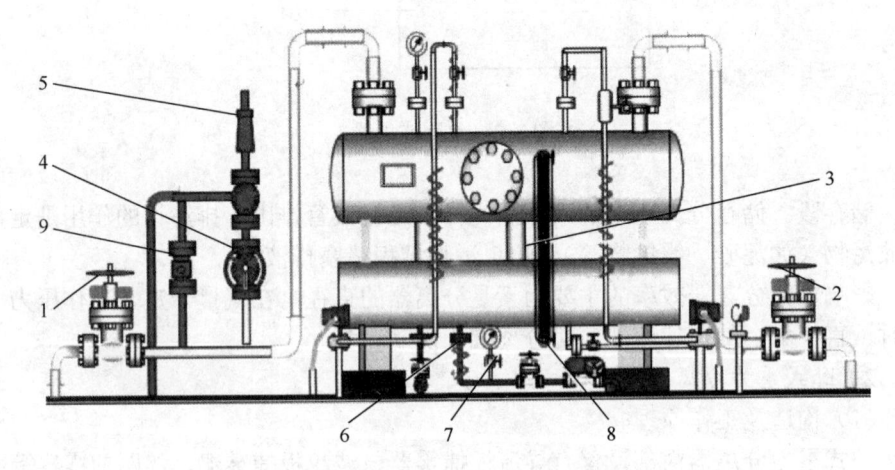

图 2-5 双筒卧式重力式分离器外观

1—分离器进口阀；2—分离器出口阀；3—液位计；4—安全阀控制阀；
5—安全阀；6—压力表；7—排污阀；8—电动球阀；9—旋塞阀

（2）工艺操作参数（表 2-1）。

表 2-1 双筒卧式重力分离器工艺参数

名称：双筒卧式两相分离器（DN600mm）	产品编号：R0219
产品标准：GB 150—2011《压力容器》	容器类别：二类
容器净重：2747kg	容积：1.30m³

续表

设计压力：6.80MPa	工作压力：6.3MPa
介质：天然气、凝析液	设计温度：60℃

3）强制旋流吸收吸附分离器

在天然气矿场气液分离中，离心式气液分离方法属前沿的工艺技术，目前有的气田安装了强制旋流吸收吸附分离器（图2-6）。

图 2-6　强制旋流吸收吸附分离器外观图

（1）强制旋流吸收吸附分离器内部构造与工作原理。

气液混合物从气进口进入，在上行分离管和下行分离管中完成强制旋流吸收吸附的高效分液过程，分离后的气体从气出口流出，分离出的液滴沉入积液包，从排液管排出。完成强吸分离功能的分离管，是由管壳体内安装的吸收吸附层、中心立管和螺旋形隔板三部分组成。其特征在于三者形成了一个螺旋形通道，气体从上至下或从下至上流动，都是一种有序的强制旋流运动。在离心作用、吸附作用、聚结作用和重力的作用下，使气液得到有效分离，结构如图2-7所示。流体经气液入口进入分离器内，在螺旋形通道中由下向上做强制性旋转运动，使流体产生离心力，在离心力的作用下，离心力大的液滴向吸收吸附层聚集。吸收吸附层是具有良好弹性的孔网材料，可以有效地吸收经离心作用甩向外壁的液滴动能，更有利于液滴的吸附；同时可以有效地克服器壁对液滴的反作用力，降低液滴的离散作用，使旋流分离作用得到更好的发挥。被吸附的液滴不断聚积，在重力作用下经吸收吸附层与筒体之间的间隙向下沉降流入筒体下部，从液体出口排出；而前面未被吸收吸附层吸收或被反弹回的液滴又在强制作用、离心力作用、吸收吸附作用下，不断重复液滴聚集、气液分离过程，从而使液滴不断地从流体中分离出来。脱除液滴后的气体则经中心立管从气体出口流出。

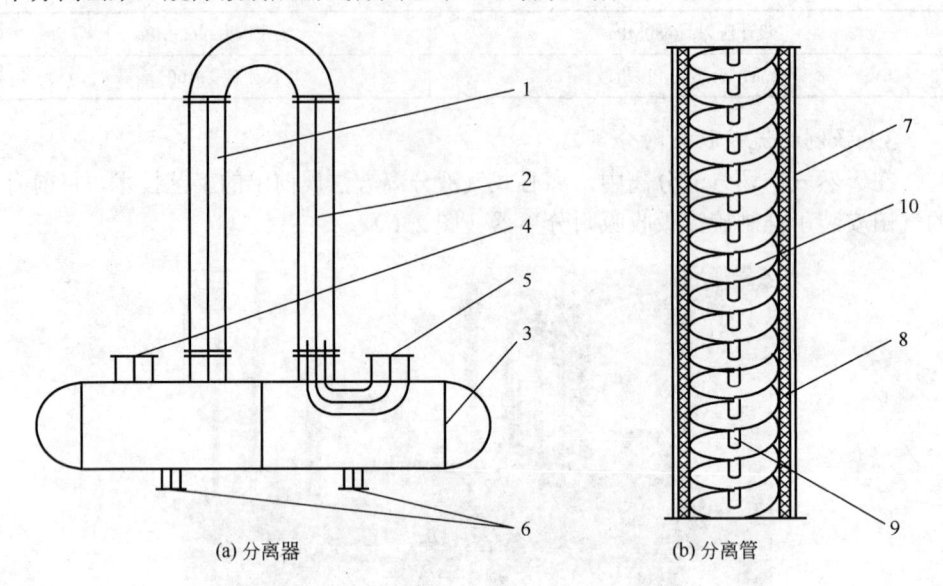

(a) 分离器　　(b) 分离管

图 2-7　强制旋流吸收吸附分离器结构

1—上行分离管；2—下行分离管；3—积液包；4—气进口；5—气出口；
6—排液口；7—分离管壳体；8—吸收吸附层；9—中心立管；10—螺旋形隔板

筒体内由中心立管、螺旋形隔板和吸收吸附层构成的分离结构消除了气体离心运动的盲区，综合利用了目前各种分离器的分离原理，是重力沉降分离作用、离心分离作用、碰撞吸附分离作用等的综合应用。离心作用使液滴向吸收吸附层聚集，吸收吸附层对液滴的吸附和液滴的重力沉降是在液滴富集的状态下完成的，离心分离、碰撞吸取分离、重力沉降分离作用都得到了充分的发挥。

此种分离器可分离单井来气的气体中所携带的大于 5μm 的固体颗粒和大于 10μm 的液滴及 0.3μm 的液雾等。

（2）强制旋流吸收吸附分离器的特点。

① 强制旋流吸收吸附分离器是通过上行分离管和下行分离管中安装的吸收吸附层、中心立管和螺旋形隔板完成强制旋流吸收吸附的高效分液，而且缸体分为两部分，达到了二级分离的效果。

② 强制旋流吸收吸附分离器筒体内由中心立管、螺旋形隔板和吸收吸附层构成的分离结构消除了气体离心运动的盲区，从而使液滴不断地从流体中分离出来。吸收吸附层可以有效地吸收经离心作用甩向外壁的液滴动能，更有利于液滴的吸附；同时可以有效地克服器壁对液滴的反作用力，降低液滴的离散作用，使旋流分离作用得到更好的发挥。主体缸分为两部分，形成了二级分离的状态，更加有

效地利用了分离空间。该分离器综合利用了目前各种分离器的分离原理，是重力沉降分离作用、离心分离作用、碰撞吸附分离作用等的综合应用，使分离作用得到了充分的发挥。重力分离器与强制旋流吸收吸附分离器设计参数对比如表2-2所示。

表2-2 两种分离器设计参数对比

	固体颗粒（μm）	液滴（μm）	液雾（μm）	处理气量（×10^{4}m^3）
重力分离器（DN1000mm）	8	15	0.5	83.76
强制旋流吸收吸附分离器（DN1000mm）	5	10	0.3	60

由表2-2可以看出，强制旋流吸收吸附分离器吸附性能更好，对气液和固体杂质的分离更加有效。从设计参数可以看出，强制旋流吸收吸附分离器的设计更精细。

（二）旋风式分离器

旋风分离器又叫离心分离器，由筒体、锥形管、螺纹叶片、中心管和集液包等组成（图2-8）。天然气沿切线方向从进口管进入分离器的筒体内，在螺旋叶片的引导下做向下的回旋运动，由于气体和液体、固体杂质颗粒的质量不同，所产生的离心力也不同，于是质量大的杂质颗粒被甩到外圈，质量小的气体处于内圈，从而使二者分离。杂质颗粒在其重力及气流的带动下，沿锥形管壁进入集液罐，经排污管排出。气体在锥形管尾部开始做向上的回旋运动，最后经中心管自出口管进入下一级设备。

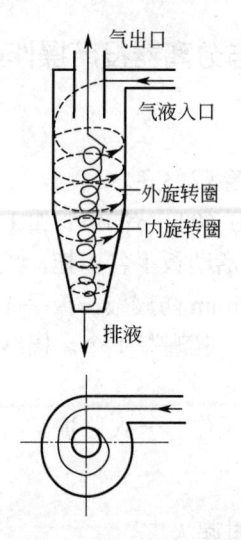

图2-8 旋风式分离器工作原理示意图

（三）混合式分离器

混合式分离器是利用多种分离原理进行气液（固）分离的，结构比较复杂，类型也很多，如螺道分离器、串联离心式分离器、扩散式分离器等。

（四）使用分离器注意事项

（1）严禁超压使用，以防超压引起爆炸。

（2）分离器或紧挨分离器的输气管线上应安装安全阀，安全阀的开启压力应控制在分离器工作压力的 1.05～1.1 倍，并定期检查。

（3）分离器的实际处理气量应符合分离器的设计处理能力，保持高效率的分离。对重力分离器，实际处理能力不得超过设计通过能力；对旋风分离器，实际处理能力应在其设计的最小和最大通过能力之间。

（4）严格控制分离器内的液面。将液面控制在合适的高度，达到排液连续且不使液面过高的目的，以免产生气流挟带液体的现象。对产水量大的井，可适当调节阀门开度，保持连续排液；对产水量少的井，应摸索排水周期，定时排液。

（5）开井要慢，防止分离器猛然升压，引起震动或突然受力；关井时要将分离器压力泄掉，积液排净。

（6）使用中如发现焊缝或法兰连接处漏气，应立即停止使用并修理。

（7）定期测量分离器壁厚，如发现壁厚减小，应做水压试验后降压使用。

二、操作项目

项目一　进站总机关与分离器投产操作

（一）准备工作

（1）劳保用品准备齐全、穿戴整齐。

（2）工具、用具与材料准备：600mm 防爆管钳 1 把，600mm 防爆 F 形扳手 1 把，200mm、250mm、375mm 防爆活动扳手各 1 把，重型套筒 1 套，便携式气体检测仪 1 部，5 号电池若干，30～55mm 防爆敲击扳手 1 套，5lb、8lb 防爆手锤各 1 把，对讲机 3 部，安全警戒线若干，验漏瓶 1 个，棉纱适量，记录本、笔 1 套，氮气车 1 台。

（3）操作人员要求：三人操作，一人监护。

（二）风险识别与消减措施

风险识别 1：天然气泄漏引起火灾。

消减措施：对各阀门及连接处进行验漏并用便携式气体检测仪进行含氧量的

测定。

风险识别2：倒换流程时操作不当造成阀门手轮飞出伤人。

消减措施：要平稳操作，倒换流程时不能正对阀门，确保流程严密不漏。

风险识别3：操作过程中交叉作业引起火灾。

消减措施：操作过程中不能进行交叉作业，全开旋塞阀，用针形阀控制放空，严防出现火灾。

风险识别4：闪蒸罐、污水罐呼吸阀未及时清洗发生堵塞，排液过程中天然气窜入污水罐，排气不畅，可能造成污水罐憋压。

消减措施：关闭排污阀，打开量液孔对污水罐泄压，并维修保养呼吸阀。

（三）技术要求

（1）记录好通知人的单位、姓名、时间。

（2）检查进站区流程，确保各阀门处于要求状态。

（3）置换速度小于5m/s，测含氧量必须小于2.0%。

（4）严格参数监测录取，做好相关记录。

（5）分离器投运时，注意分离器的实际处理量应尽量符合分离器的设计处理能力，保持高效率的分离。

（6）分离器必须在压力小于设计压力时使用，防止超压运行。

（7）定时巡检，及时排液，放空前点燃火炬。

（8）分离器使用过程中，若分离器焊缝或法兰连接处漏气，应立即停用并进行整改。

（9）开井时分离器充压要慢，防止分离器升压猛烈引起震动或突然受力，关井停产时或不使用分离器时要开分离器本体放空阀，对分离器进行放空泄压。

（四）标准操作规程

1．操作流程

进站区投产操作流程见图2-9。

2．操作过程

以强吸油式分离器为例介绍，其外部结构如图2-10所示。

（1）氮气置换、吹扫。

① 氮气置换。

（a）关闭进站总机关所有干管阀门，关闭分离器出口阀门，打开分离器螺道旋塞阀，打开分离器前后腔室液位计进、出口阀门，卡开任意一条干管电动球阀下游法兰，卸掉分离器安全阀，用盲板封堵安全阀出口管线法兰（放空管线），在安全阀进口法兰处安装氮气置换管线接头，启动氮气车进行置换。

采气工艺操作技术

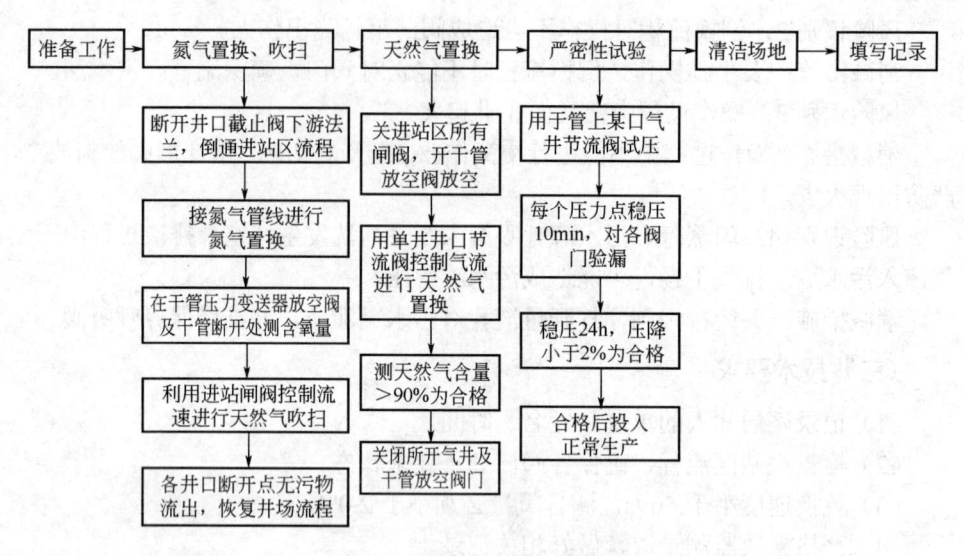

图 2-9　进站区投产操作流程

图 2-10　强吸油式分离器外部结构示意图

1—分离器进口阀门；2—分离器出口阀门；3—1号球面截断阀（电磁阀）；4—2号球面截断阀（电磁阀）；
5—1号电动球阀上游阀门；6—2号电动球阀下游阀门；7—安全阀；8—压力表

（b）进行置换时，打开分离器放空阀，在分离器进口、出口压力变送器放空阀及总机关已卡开的干管电动球阀下游法兰处，每间隔 5～10min 检测一次氧气含量，含氧量<2%时，则置换合格，记录置换时间、含氧浓度。

② 氮气吹扫。

64

（a）用已卡开的干管闸阀控制流速，气流速度<20m/s时进行吹扫。

（b）观察卡开点出口流体干净、无污物即可。

（c）合格后恢复卡开点流程。

（2）严密性试压。

① 关闭分离器放空阀，用氮气按照 0.5MPa、1.0MPa、2.0MPa、3.0MPa、4.0MPa 五个压力等级分段进行严密性试验，每个压力点稳压 10min，并对各阀门法兰、管线焊口进行验漏。

② 稳压 24h，压降小于 2%时，则严密性试验合格，否则立即泄压整改，合格后方可继续升压。

③ 严密性试验合格后停氮气车，即可投入正常生产。

（3）投运前的检查。

① 检查总机关流程各阀门的开关状态是否正常，有无跑、冒、滴、漏现象。

② 检查分离器各外部连接是否紧固、密封。

③ 检查分离器液位计、安全阀、压力变送器、排污阀、旋塞阀、疏水阀、电动球阀是否正常且处于有效期内。

④ 检查分离器进、出口流程是否正确，有无跑、冒、滴、漏现象。

（4）投运。

① 打开分离器放空阀进行泄压，待压力降为零时，拆卸安全阀进口法兰处氮气置换管线接头，卸掉安全阀出口管线法兰（放空管线）处的盲板，连接安全阀进出口法兰，恢复安全阀流程。

② 关闭分离器放空阀，关闭分离器进口阀，缓慢打开分离器出口阀，利用外输管线气缓慢给分离器充压至系统压力。

③ 缓慢打开分离器进口阀，给总机关充压至系统压力。

④ 打开总机关各干管闸阀，开井生产，待干管压力与系统压力基本平衡后，与作业区调控中心联系，远程打开总机关各干管电动球阀。

（5）运行中检查。

① 检查总机关、分离器各阀门及连接部位有无跑、冒、滴、漏现象。

② 检查分离器疏水阀排液是否正常，压力与系统压力是否相符，有无振动、有无异响。

③ 加强分离器液位、压力监测，严格控制分离器压力、液位在合理范围内。

④ 与作业区调控中心核对总机关、分离器各运行参数。

（6）收拾工具、用具，清洁场地。

（7）填写设备运转记录。

项目二　分离器切换标准操作

（一）准备工作

（1）劳保用品准备齐全、穿戴整齐。

（2）工具、用具与材料准备：600mm 防爆管钳 1 把，600mm 防爆 F 形管钳 1 把，安全带 1 副，对讲机 2 部，棉纱适量，记录笔，记录本 1 套，"停运"警示牌 1 个。

（3）操作人员要求：两人操作，一人监护。

（二）风险识别与消减措施

风险识别 1：倒换流程时操作不当造成阀门手轮飞出伤人。

消减措施：要平稳操作，倒换流程时不能正对阀门，确保流程严密不漏。

风险识别 2：闪蒸罐、污水罐呼吸阀未及时清洗发生堵塞，排液过程中天然气窜入污水罐，排气不畅，可能造成污水罐憋压。

消减措施：关闭排污阀，打开量液孔对污水罐泄压，并维修保养呼吸阀。

风险识别 3：停用分离器时，未及时将进站总机关处生产干管流程倒通，导致干管憋压。

消减措施：及时倒通进站总机关流程。

（三）技术要求

（1）检查进站区流程，确保各阀门处于要求状态。

（2）分离器投运时注意分离器的实际处理量应尽量符合分离器的设计处理能力，保持高效率的分离。

（3）分离器必须在压力小于设计压力时使用，防止超压运行。

（4）定时巡检，及时排液，放空前点燃火炬。

（5）分离器使用过程中，若分离器焊缝或法兰连接处漏气，应立即停用并进行整改。

（6）开井时分离器充压要慢，防止分离器升压猛烈引起震动或突然受力，关井停产时或不使用分离器时，要开分离器本体放空阀，对分离器进行放空泄压。

（四）标准操作规程

1．操作流程

分离器切换操作流程见图 2-11。

2．操作过程

（1）分离器投运的检查。

① 检查总机关（图 2-12）流程各阀门的开关状态是否正常，有无跑、冒、滴、漏现象。

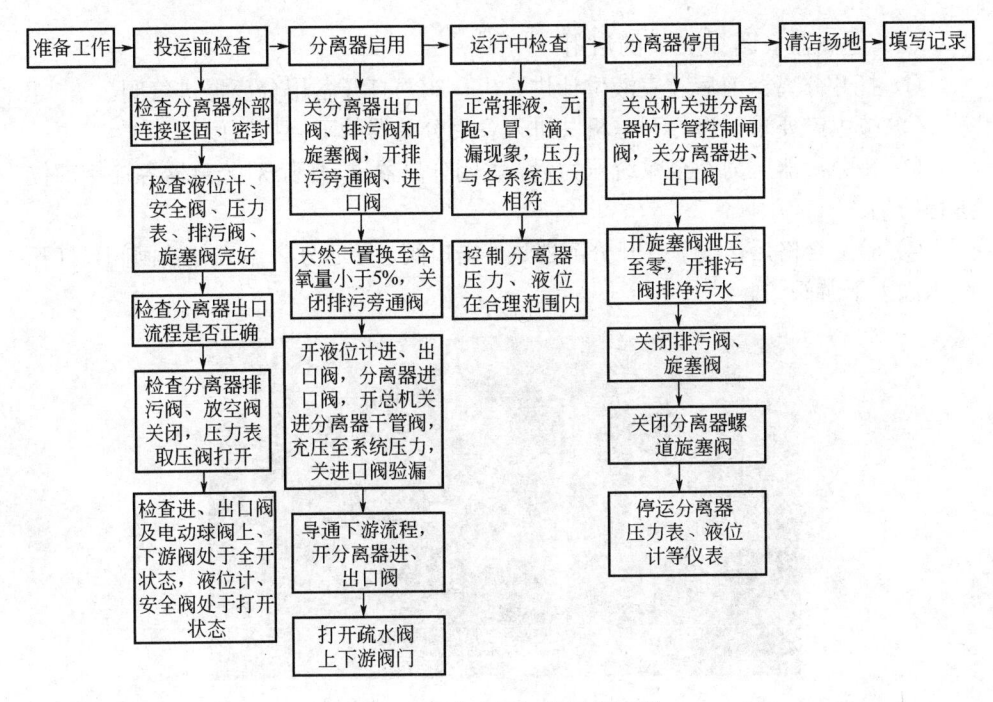

图 2-11 分离器切换操作流程

② 检查分离器各外部连接是否紧固、密封，检查分离器进、出口流程是否正确，有无跑、冒、滴、漏现象。

③ 检查分离器液位计、安全阀、压力变送器、排污阀、疏水阀、电动球阀是否正常且处于有效期内，检查并打开备用分离器螺道旋塞阀。

④ 检查分离器排污阀、放空阀关闭，压力表取压阀打开；分离器进、出口阀及电动球阀上、下游阀处于全开状态，液位计、安全阀处于打开状态。

图 2-12 进站总机关示意图

(2) 分离器（图2-13）的启用。
① 打开分离器前后腔室液位计进、出口阀，打开备用分离器进气阀。
② 按生产要求缓慢打开总机关进入备用分离器的干管控制闸阀。
③ 待分离器压力充至系统压力后，关闭分离器进口阀，对分离器各连接部位进行验漏。
④ 验漏合格后，缓慢打开分离器进、出口阀，导通分离器去外输闸阀，打开疏水阀上下游阀门。

图2-13 分离器

(3) 运行中检查。
① 检查总机关各阀门及连接部位有无跑、冒、滴、漏现象。
② 检查分离器各阀门及连接部位有无跑、冒、滴、漏现象；分离器疏水阀排液是否正常，压力与系统压力是否相符，有无振动，有无异响。
③ 加强分离器液位、压力监测，严格控制分离器压力、液位在合理范围内。
④ 与作业区调控中心核对总机关、分离器各运行参数。
(4) 分离器的停运。
① 缓慢关闭总机关进入在用分离器的干管控制闸阀（图2-14），依次关闭在

图2-14 关闭干管控制闸阀操作示意图

用分离器进气阀门，与作业区调控中心联系，关闭分离器去外输闸阀。

② 缓慢打开分离器放空阀泄压，待压力降至 0.2MPa 时，关闭放空阀，缓慢打开手动排污阀排净污水，待压力落零后，关闭排污总阀。

③ 关闭分离器螺道旋塞阀，关闭分离器前后腔室液位计进、出口阀，停运液位计。

④ 关闭分离器压力变送器取压阀。

⑤ 挂"停用"警示牌，并通知作业区调控中心停运时间。

（5）收拾工具、用具，清洁场地。

（6）填写设备运转记录。

项目三　分离器排污及清洗疏水阀滤芯标准操作

（一）准备工作

（1）劳保用品准备齐全、穿戴整齐。

（2）工具、用具与材料准备：600mm 防爆 F 形扳手 1 把，250mm 防爆 F 形扳手 1 把，200mm 防爆平口螺丝刀 1 把，22～24mm 防爆开口扳手 1 把，22～24mm 防爆梅花扳手 1 把，手钳 1 把，金属缠绕垫圈 2 个，对讲机 2 部，排污盆 1 个，清洗桶 1 个，验漏瓶 1 个，黄油、棉纱适量，记录笔、记录本 1 套。

（3）操作人员要求：一人操作，一人监护。

（二）风险识别与消减措施

风险识别 1：操作时天然气窜入污水系统引起火灾。

消减措施：手动操作时应缓慢操作，杜绝猛开猛关，防止天然气窜入污水罐。

风险识别 2：工具使用不当造成人身伤害。

消减措施：正确使用防爆管钳、防爆 F 形扳手，防止工具飞出造成人身伤害。

（三）技术要求

（1）自动排液时观察分离器液位到设定上限时，电动球阀是否能自动打开。观察分离器液位到设定下限时，电动球阀是否能自动关闭，防止天然气窜入污水罐。

（2）冬季生产时，在排污结束后，需继续排污 3s，以确保将污水管线中的积液全部排入闪蒸分液罐中，以避免排污管线发生冻堵。

（3）排液前检查流程正常、污水罐液位符合要求。

（4）排液时严密监控闪蒸罐液位，防止闪蒸罐由于罐满导致火炬喷液。

（四）标准操作规程

1．操作流程

分离器排污及清洗疏水阀滤芯操作流程见图 2-15。

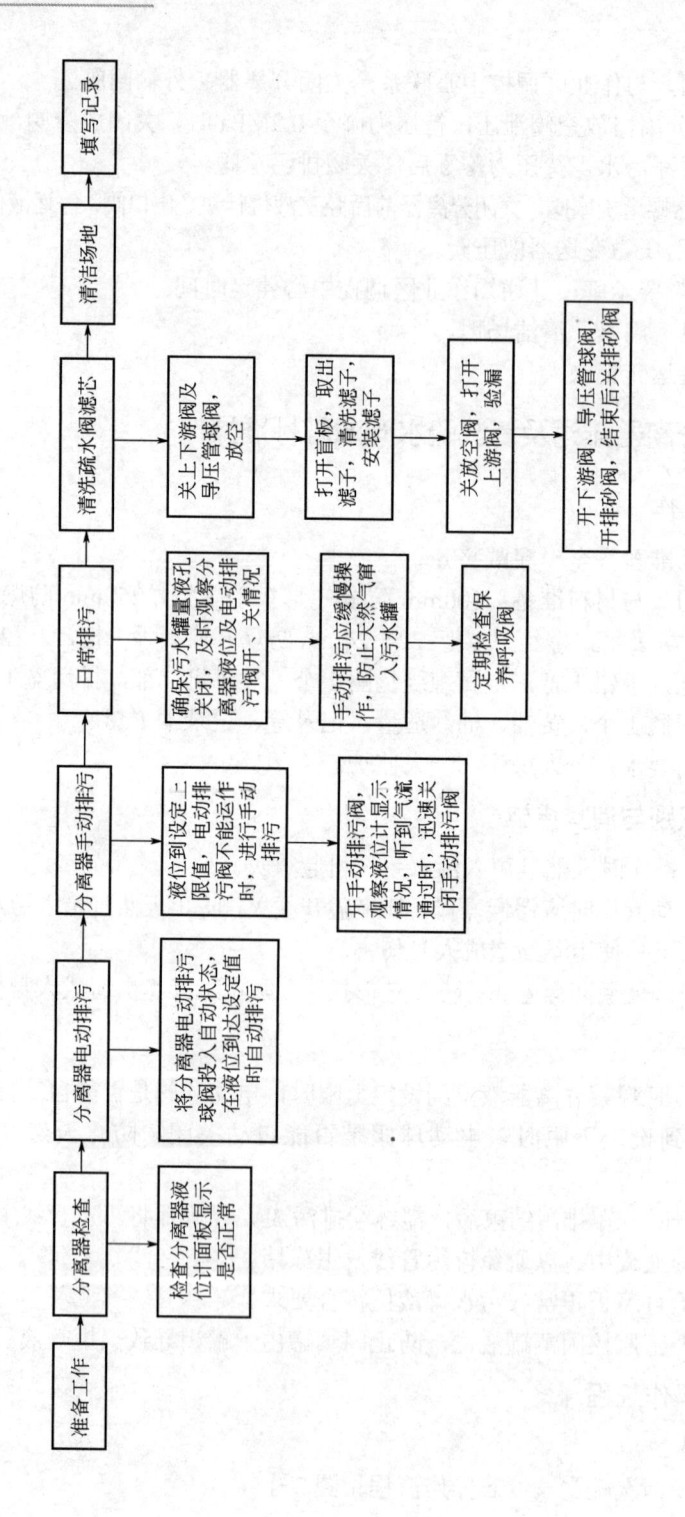

图2-15 分离器排污及清洗疏水阀滤芯操作流程

2. 操作过程

（1）检查。

① 检查液位计面板显示是否正常,关闭液位计上下游阀门及疏水阀导压管球阀,打开液位计排污阀,液位显示为零（图2-16）。

图2-16　打开分离器排污阀操作示意图

② 关闭液位计泄压阀,缓慢打开液位计下游阀门、上游阀门及疏水阀导压管球阀,确认液位计面板显示正常。

（2）分离器排污操作。

① 自动排污：联系作业区调控中心进行远程操作,电动球阀显示为"Open"状态后,自动进行排污,当液位计面板显示下限值时,远程关闭电动球阀。

② 手动排污：液位到设定上限值,电动排污阀不能运作时,进行手动排污,将电动球阀操作手柄打到"Hand"状态进行手动排污,观察液位计显示情况,听到气流通过时,迅速关闭手动排污阀（图2-17）。

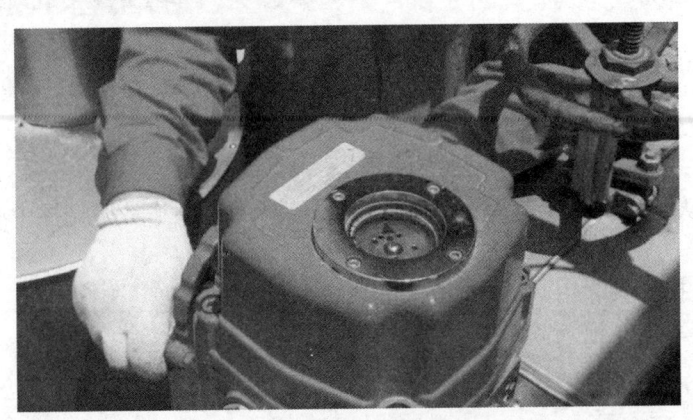

图2-17　手动排污操作示意图

(3) 日常排污。

确保污水罐量液孔关闭,及时观察分离器液位及电动排污阀开、关情况,手动排污应缓慢操作,防止天然气窜入污水罐。定期检查、保养呼吸阀。

(4) 清洗疏水阀滤芯。

① 关闭疏水阀上下游阀门及疏水阀导压管球阀,确认排砂阀处于关闭状态。

② 打开疏水阀压力表放空阀,缓慢泄压为零。

③ 卸掉疏水阀滤子盲板螺栓,取出滤子,进行清洗。

④ 清洗滤子完成后,正确装入滤子,在盲板垫片上涂抹黄油,安装盲板,对角紧固螺栓。

⑤ 关闭疏水阀压力表放空阀。

⑥ 缓慢打开疏水阀上游阀门,对疏水阀滤子盲板进行验漏,无渗漏后,打开下游阀门,打开疏水阀导压管球阀（图 2-18）。

图 2-18　打开疏水阀操作示意图

⑦ 缓慢打开疏水阀排砂阀,观察疏水阀排砂情况,排砂结束后,关闭疏水阀排砂阀。

⑧ 确认疏水阀排污流程及液位计显示正常后,联系作业区调控中心核对液位等参数。

(5) 收拾工具、用具,清洁场地。

(6) 填写工作记录。

（五）分离器常见故障及排除方法

分离器常见故障及排除方法见表 2-3。

表 2-3　分离器常见故障及排除方法

故障名称	故障现象	处理方法
电动排污管路堵塞	电动排污阀打开，但不能顺畅排污	(1) 暂时进行手动排污； (2) 关闭电动阀排污上游阀门，利用开水烫冻堵部位（或采取注醇），清除堵塞物
液位计无法正常读数	液位计显示值不变或显示凌乱	(1) 对液位计筒体内部进行检查清洗，排出筒体内部杂物； (2) 利用厂家配送的磁铁对液位计磁翻柱重新磁化调整或将磁翻柱取出重新进行排列； (3) 维修、更换液位计

项目四　闪蒸分液罐启停操作

（一）准备工作

(1) 劳保用品准备齐全、穿戴整齐。

(2) 工具、用具与材料准备：600mm 防爆 F 形扳手 1 把，对讲机 2 部，验漏瓶 1 个，安全带 1 副，棉纱适量，记录笔、记录本 1 套。

(3) 操作人员要求：一人操作，一人监护。

（二）风险识别与消减措施

风险识别 1：排液时闪蒸罐超压造成人员受伤。

消减措施：排液时应注意观察闪蒸罐压力，严禁闪蒸罐超压工作。

风险识别 2：天然气泄漏引起中毒伤害及火灾。

消减措施：排污时注意闪蒸罐连接处是否正常，如有漏气等异常情况，立即停止排污操作，防止天然气泄漏引起人员中毒伤害及火灾。

（三）技术要求

(1) 放空接入闪蒸罐，放空时注意闪蒸罐压力与液位，必要时打开平衡阀防止大量天然气进入污水罐。

(2) 每年定期、定点检测分液罐壁厚，如发现壁厚减小，须进行强度试验。

(3) 定期检查并校验安全阀、压力变送器等安全附件，严禁超期使用。

(4) 排污过程中如果闪蒸罐压力≥0.60MPa，应注意安全阀是否运行正常。

(5) 放空作业时要缓慢操作，防止分液罐超压和猛烈震动；若分液罐焊缝或法兰连接处漏气，应立即停用并进行处理。

(6) 对于初次投运或检修后投运的分液罐，需提前对分液罐内残留空气进行置换，合格后方可投运。

（四）标准操作规程

1. 操作流程

闪蒸分液罐启停操作流程见图 2-19。

2. 操作过程

（1）正常投运操作。

① 投运前检查。

（a）检查分液罐外部各连接处是否紧固、密封。

（b）检查分液罐可燃气体检测仪、安全阀、阻火器、风向标、压力表、液位计等附件是否齐全、完好并在有效期内（图 2-20）。

（c）检查并倒通分液罐进、出口流程，关闭分液罐排污阀、液位计进液控制阀与放空阀。

② 启运操作。

（a）依次缓慢打开分液罐进口控制阀，打开疏水阀上下游控制阀、导压管球阀；

（b）确认分液罐手动排液阀关闭，依次打开闪蒸罐液位计出口、进口控制阀，打开阻火器液位计出口、进口控制阀。

（c）确认各排污阀无渗漏，及时排空分液罐内液体后，关闭排污阀。

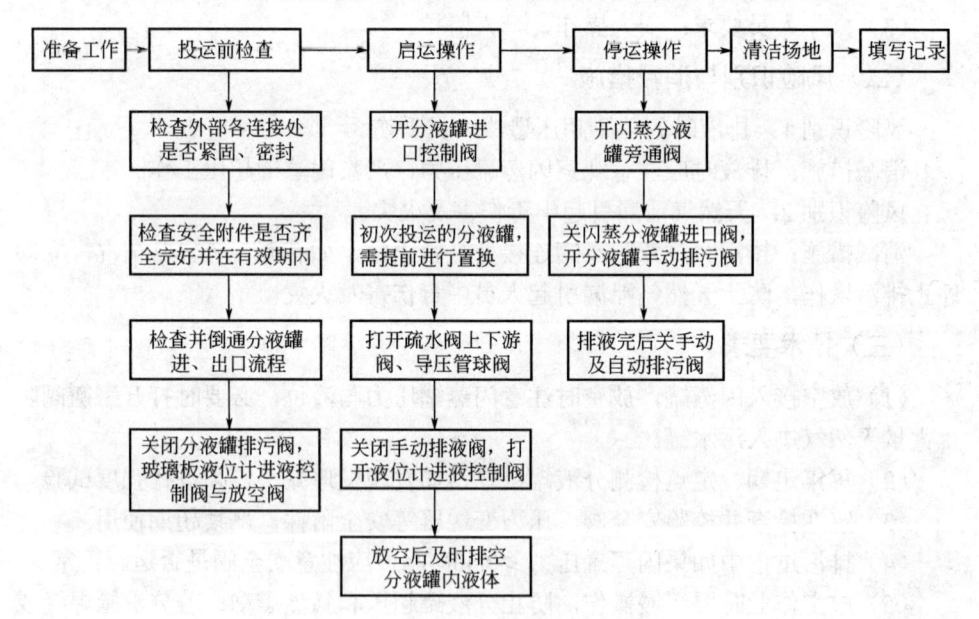

图 2-19 闪蒸分液罐启停操作流程

图 2-20 检查分液灌示意图

（2）正常停运操作。

① 打开闪蒸分液罐旁通阀。

② 关闭闪蒸分液罐进口阀，打开分液罐手动排污阀。

③ 待排污完成后依次关闭手动排污阀（图 2-21）、疏水阀进出口阀和导压管球阀。

图 2-21 关闭手动排污阀操作示意图

④ 关闭闪蒸罐液位计出口、进口控制阀，关闭阻火器液位计出口、进口控制阀。

(3) 收拾工具、用具，清洁现场。
(4) 填写设备运转记录。

项目五　沉降罐排液标准操作

（一）准备工作

(1) 劳保用品准备齐全、穿戴整齐。
(2) 工具、用具与材料准备：防爆 F 形扳手、废油桶、棉纱、记录本、记录笔。
(3) 操作人员要求：一人操作。

（二）风险识别与消减措施

风险识别：当心刺漏。
消减措施：检查各部位连接处牢固，各阀门紧固。

（三）技术要求

闸阀操作需缓慢、平稳，全开或全关。

（四）标准操作规程

1．操作流程

沉降罐排液标准操作流程见图 2-22。

准备工作 → 检查 → 排液 → 清洁场地 → 填写记录

检查：
- 检查液位计、污水罐
- 观察沉降罐液位
- 检查各处有无跑、冒、滴、漏现象

排液：
- 微开上腔液位计排污球阀，检测排出的液体
- 打开下腔排污阀
- 上腔排污阀进行排污，排污完毕后关闭下腔排污阀

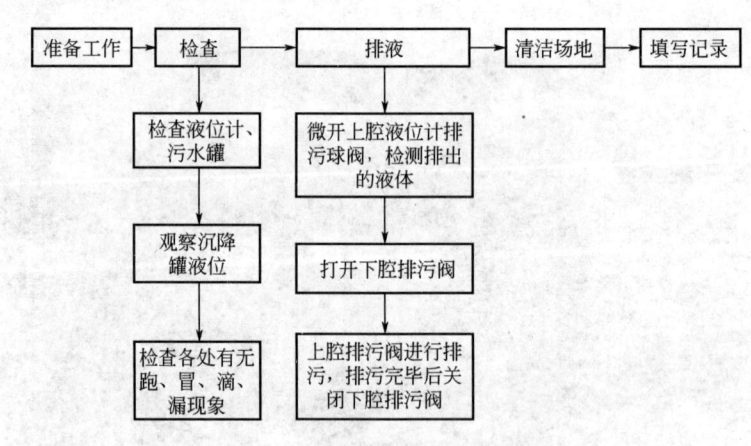

图 2-22　沉降罐排液标准操作流程

2．操作过程

(1) 检查。
① 检查液位计是否完好、正常，检查污水罐液位，确保污水罐有足够容量储液。

② 检查各处有无跑、冒、滴、漏现象，观察沉降罐液位是否达到排污上限。

(2) 排液。

① 稍微开启沉降罐上腔液位计排污球阀，将液排至废油桶中，检测所排出的液体是水还是油，排出液体为水则进行排液操作。

② 缓慢打开沉降罐下腔排污阀，听到轻微的水流声。

③ 通过沉降罐上腔排污阀进行排污，注意观察上腔液位；发现所排液体为凝析油后，迅速关闭下腔排污阀。

(3) 收拾工具、用具，清洁场地。

(4) 填写工作记录。

(5) 向相关方汇报。

项目六 含烃污水装车标准操作

(一) 准备工作

(1) 劳保用品准备齐全、穿戴整齐。

(2) 工具、用具与材料准备：橡胶手套、防火帽、消防毛毡、铅封、记录本、记录笔。

(3) 操作人员要求：两人操作，一人监护。

(二) 风险识别与消减措施

风险识别：当心静电着火。

消减措施：检查污水罐及污水车接地完好。

(三) 技术要求

操作需缓慢、平稳，防止溢罐。

(四) 标准操作规程

1．操作流程

含烃污水装车标准操作流程见图 2-23。

2．操作过程

(1) 检查。

① 检查车辆防火帽、铅封及司机与押运员的劳保用品穿戴情况、票证。

② 检查接地桩，接地线、接地钳连接情况。

③ 打开污水罐口，探取烃、水分液面并计算轻烃量。

④检查胶管与污水罐出口连接是否严密、牢固，确认罐车流程倒通。

⑤读取并记录污水罐液位。

```
准备工作 → 检查 → 装车 → 核算 → 清洁场地 → 填写记录
```

检查分支：检查车辆、押运员、接地装置 → 计算轻烃量 → 检查连接情况，导通流程，记录污水罐液位

装车分支：插入胶管 → 向罐车内泵入含烃污水 → 观察污水罐液位，调整胶管的插入深度 → 停泵，回收余液，整理胶管

核算分支：核算含烃污水拉运量

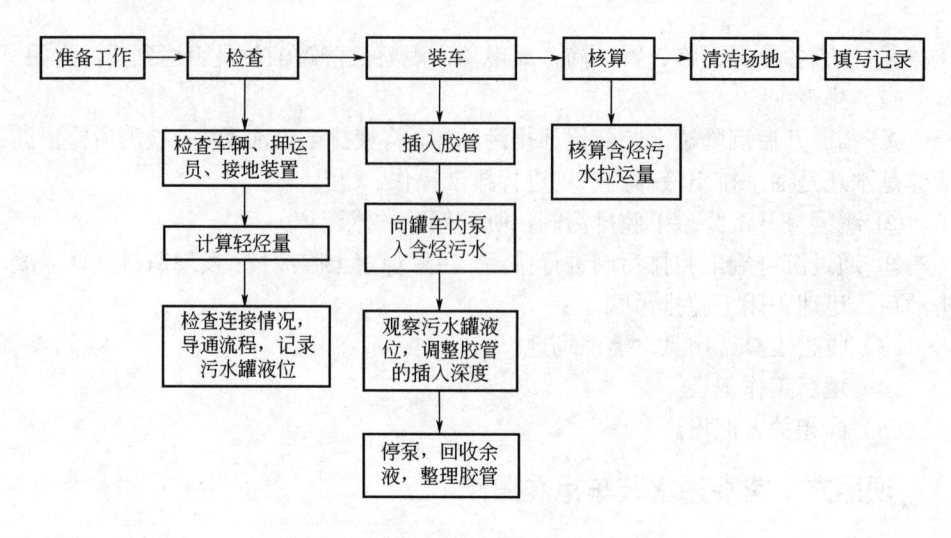

图 2-23 含烃污水装车标准操作流程

（2）装车。
① 将胶管插入罐内油、水界面以下 10cm 左右。
② 启动车载驱动泵向罐车内泵入含烃污水。
③ 观察污水罐液位，调整胶管的插入深度，使之保持在液面以下 10cm 左右。
④ 当罐车液位达到额定装载量时停泵。
⑤ 回收余液，整理胶管。
（3）核算。
① 读取、记录装车后污水罐液位并核算含烃污水拉运量。
② 填写含烃污水拉运量记录。
（4）收拾工具、用具，清洁场地。
（5）填写工作记录。
（6）向相关方汇报。

项目七 分离器磁悬浮液位计检验标准操作

（一）准备工作

（1）劳保用品准备齐全、穿戴整齐。
（2）工具、用具与材料准备：FLUKE744 万用表、600mm 防爆管钳、24～27mm 防爆梅花扳手、300mm 防爆活动扳手、防爆 F 形扳手、石棉垫片、排污桶、验漏瓶、棉纱、记录本、记录笔。

（3）操作人员要求：一人操作，一人监护。

（二）风险识别与消减措施

风险识别 1：当心刺漏。

消减措施：严禁正对浮球筒进行安装操作。

风险识别 2：当心憋压。

消减措施：在冬季操作时，确保加热系统正常工作。

（三）技术要求

在确认浮球是否灵活及定位是否准确时，应使用非金属材质杆进行校验。

（四）标准操作规程

1．操作流程

分离器磁悬浮液位计检验标准操作流程见图 2-24。

```
准备工作 → 排液 → 拆卸检验 → 安装 → 清洁场地 → 填写记录
           ↓        ↓          ↓
        将浮筒内液  拆卸并清洁  将定位筒与球筒
        体排放干净  下游法兰    中的传感器接合，
                              安装下法兰
                    ↓          ↓
                 对浮球球筒和浮球  取压、验漏
                 传感器进行清洁
                    ↓          ↓
                 检查浮球在零点处  全开上、下游闸阀
                 输出电流为4mA
                    ↓
                 将浮球向浮筒内分别
                 推入50cm、100cm、
                 120cm，输出电流为
                    4～20mA
```

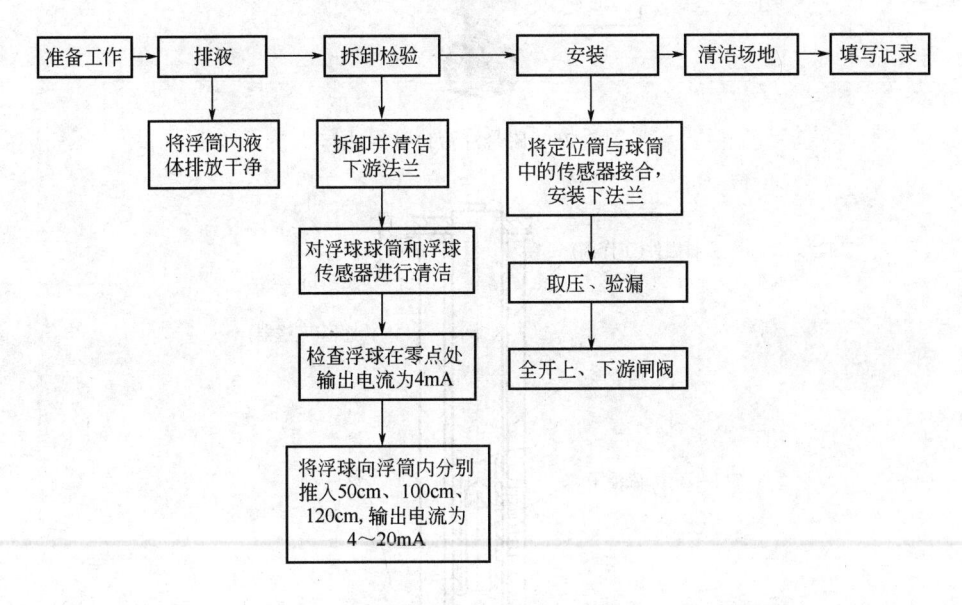

图 2-24　分离器磁悬浮液位计检验标准操作流程

2．操作过程

磁悬浮液位计的组成如图 2-25 所示、磁悬浮液位计工作原理如图 2-26 所示。

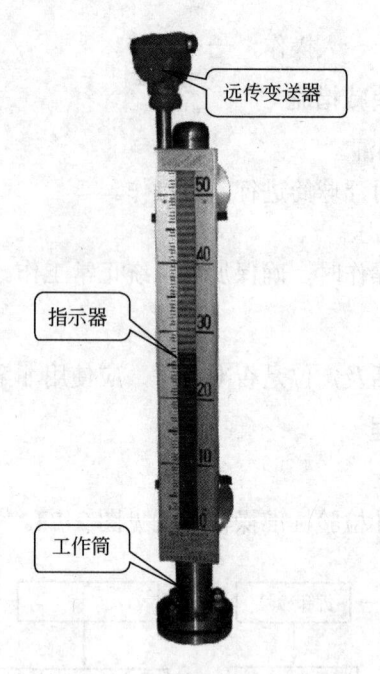

图 2-25 磁悬浮液位计组成

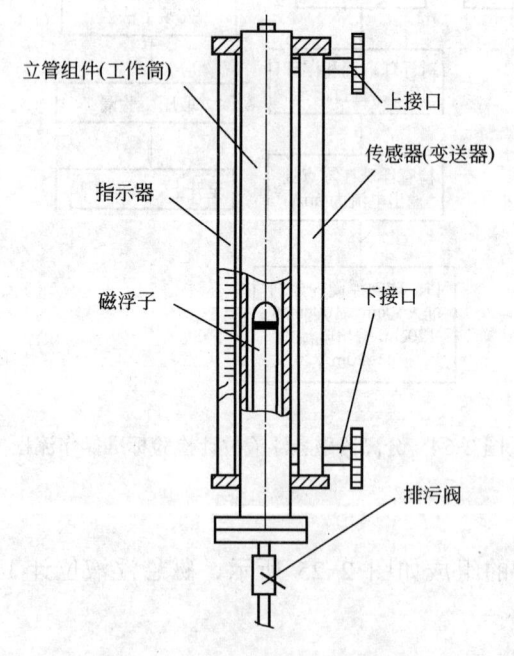

图 2-26 磁悬浮液位计工作原理

（1）排液。
关闭浮筒上、下游闸阀，缓慢打开快开球阀，将浮筒内液体排放干净。
（2）拆卸检验。
① 排污完毕后，拆卸下游法兰片，并对法兰片进行清洁。
② 对浮球球筒和浮球传感器进行清洁。
③ 检查浮球是否在零点处归位、转动是否灵活，并测量数字表头数据输出电流是否为 4mA。
④ 使用非金属材质杆将浮球向浮筒内分别推入 50cm、100cm、120cm，对照数显面板，观察数显表头的数据输出电流为 4~20mA。
（3）安装。
① 将定位筒与球筒中的传感器接合，安装下法兰（对角上紧螺栓）。
② 关闭球筒快开球阀，缓慢打开上游取压阀取压，对下游法兰连接处进行验漏。
③ 验漏合格后，全开上、下游闸阀。
（4）收拾工器具，清洁场地。
（5）填写工作记录。
（6）向相关方汇报。

第二节　压缩机及相关标准操作

一、压缩机

压缩机按其内工作原理可分为两类：容积式压缩机和动力式压缩机。容积式压缩机又包括往复式压缩机和回转式压缩机；动力式压缩机包括透平式压缩机和引射器。

动力式压缩机的工作原理为气体在高速旋转叶轮的作用下，得到巨大的动能，随后在扩压器中急剧降速，使气体的动能转变为势能（压力能），如图 2-27 所示。容积式压缩机的工作原理为在气缸内做往复或回转运动的活塞，使容积缩小而提高气体压力，如图 2-28 所示。各种压缩机的大致使用范围如图 2-29 所示。

活塞（往复）式压缩机是一种最古老、最重要的压缩机形式。与其他形式的压缩机相比，活塞式压缩机具有适应性强、热效率高、适用压力范围广的优点，其压力和流量均可以在较大范围内变化，特别是在高排压、变工况等应用场合，活塞式压缩机仍具有不可替代的独特优势，广泛用作压缩天然气压缩机、工艺流程压缩机及微小型制冷压缩机等。

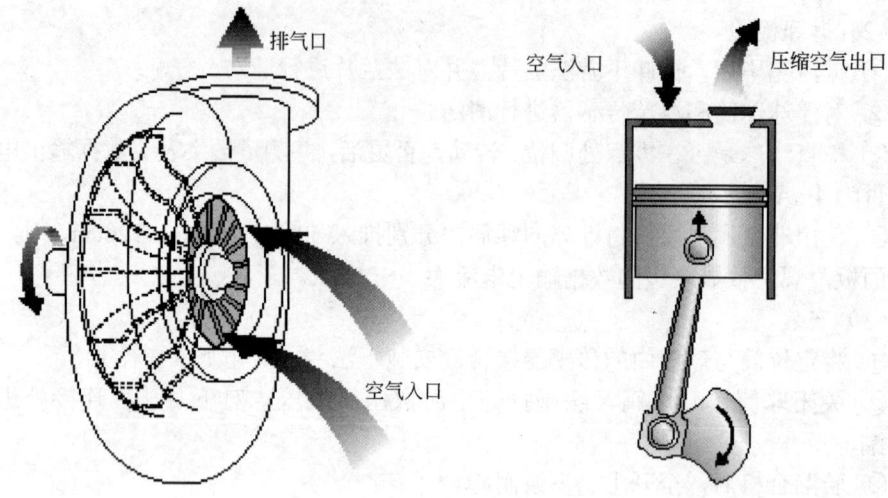

图 2-27 动力式压缩机工作原理示意图　　图 2-28 容积式压缩机工作原理示意图

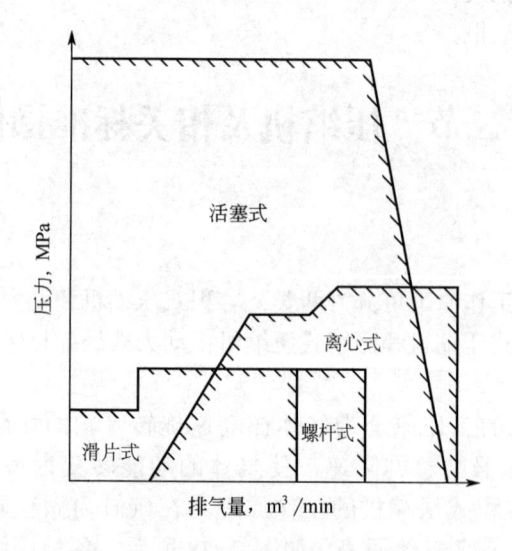

图 2-29 各种类型压缩机的使用范围

（一）往复式压缩机的工作原理

往复式压缩机（图 2-30）属于容积式压缩机，是使一定容积的气体顺序地吸入和排出封闭空间提高静压力的压缩机。往复式压缩机分为低速整体式压缩机组和中速分体式压缩机组两大类。

图 2-30　往复式压缩机结构示意图

压缩机曲轴通过联轴器带动压缩机曲轴旋转时，压缩机曲轴通过连杆、十字头、活塞杆带动活塞在气缸内做往复运动而实现吸气、压缩的工作循环。当活塞由外止点向内止点（曲轴端）运动时，气缸容积增大，压力减小，当其压力低于工艺气进气压力时，进气阀打开进气，而实现气缸的吸气过程；当活塞到达内止点时，吸气过程结束，在曲轴的带动下，活塞在向外止点运动，气缸容积减小，当压力大于工艺气排气压力时，排气阀打开排气，而实现气缸压缩过程。通常活塞上有活塞环来密封气缸和活塞之间的间隙，气缸内有润滑油润滑活塞环。

（二）往复式压缩机的特点

（1）由于设计原理的关系，就决定了活塞式压缩机的很多特点。例如，运动部件多，有进气阀、排气阀、活塞、活塞环、连杆、曲轴、轴瓦等；受力不均衡，没有办法控制往复惯性力；需要多级压缩，结构复杂；由于是往复运动，压缩空气不是连续排出、有脉动等。

（2）活塞式压缩机的另一个特点也非常突出，它是最早设计、制造并得到应用的压缩机，也是应用范围最广，制造工艺最成熟的压缩机。即使是目前，活塞式压缩机仍然在大量得到使用。

（3）在动力用空气压缩机领域，活塞式压缩机正在被逐渐淘汰。主要原因是：

① 运动部件多，结构复杂，检修工作量大，维修费用高。
② 需要基础，需要检修天车，对厂房的要求高。
③ 活塞环的磨损、气缸的磨损、皮带的传动方式使效率下降很快。

④ 噪声大。

⑤ 控制系统落后，不适应连锁控制和无人值守的需要，所以尽管活塞式压缩机的价格很低，但是也往往不能够被用户接受。

（三）往复式压缩机的常见故障及处理方法

往复式压缩机的常见故障及处理方法见表2-4。

表2-4 往复式压缩机常见故障及处理方法

常见故障	处理办法	故障现象
轴瓦松动或磨损	停车检修	曲轴箱有敲击声
曲轴磨损	停车检修	
十字头与滑道间隙大	停车检修	
十字头销与连杆螺栓松动	停车检修	
平衡铁松动	停车检修	
断油、传动部件烧坏	停车检修	
液体带入气缸	与有关工段联系；紧急停车处理	气缸有敲击声
活门碎片带入气缸	停车处理	
活塞或活塞杆螺帽松动	停车检查	
活塞环断裂	停车更换活塞环	
气缸余隙过小	停车调整余隙	
油质过差	换油	循环油泵出口油压低
油温过高	加大冷却水量	
油过滤器堵塞	停车清洗过滤器	
油泵进口泄漏或堵塞	停车检修或疏通进口管	
油箱油位过低	加油、提高油位	
油泵漏油严重或间隙过大	检修	
油泵回路阀开得过大	关小回路阀	
一段进口气体温度高或压力低	与脱硫工段联系降低一段进气温度或提高压力	压缩机打气量不足
活门有焦油堵塞	停车拆洗活门	
活门片破裂、弹簧断裂、铝垫未装或内点断裂	停车更换活门、弹簧或铝垫	
活塞环磨损或断裂	停车更换活塞环	
气缸磨损	等大修时检修	
气缸余隙过大	停车调整气缸余隙	

续表

常见故障	处理办法	故障现象
各段填料严重漏气	停车检修填料	
回路阀泄漏	检修回路阀	
平衡段漏气	停车检修	
循环油泵磨损，压力降低	停车检修	
滤油器脏污	修理或更换油泵	

二、操作项目

项目一 2803/2804型天然气压缩机组启停标准操作

（一）准备工作

（1）劳保用品准备齐全、穿戴整齐。

（2）工具、用具与材料准备：600mm防爆F形扳手1把，防爆勾头扳手1把，250mm防爆活动扳手1把，盘车工具1把，对讲机2部，耳塞3副，安全带1副，加油桶1个，耐油手套1副，黄油枪1把，棉纱若干，记录笔、本1套。

（3）操作人员要求：两人操作，一人监护。

（二）风险识别与消减措施

风险识别1：启动压缩机前盘车时操作不当引起机械伤害。

消减措施：盘车时正确使用工具，侧身操作，防止工具飞出伤人（图2-31）。

图2-31 盘车操作示意图

风险识别2：压缩机缸体温度高，操作与巡回检查时易引起烫伤。

消减措施：操作与巡回检查时要远离缸体，防止烫伤。

风险识别3：压缩机运行时噪声大，操作与巡回检查时易引起噪声伤害。

消减措施：操作与巡回检查时要佩戴耳塞，防止噪声伤害。

风险识别4：登高作业时引起高空坠落伤害。

消减措施：登高时佩戴安全带，防止高空坠落伤人。

风险识别5：流程切换不当易引起设备、管线超压。

消减措施：切换流程时要严格按照"先开后关"原则进行操作，防止设备、管线超压。

风险识别6：压缩机在运行中突然发生紧急异常。

消减措施：立即按下紧急停车按钮。

（三）技术要求

（1）环境温度低于0℃时，将油加热器、水加热器、电伴热旋钮旋至"ON"位，环境温度高于40℃时，不能启动压缩机。

（2）检查压缩机各级进排气温度是否正常，若温度超高要进行调整，必要时停机进行检查，查明原因并排除故障。

（3）检查发动机各动力缸温度是否正常，各缸温差不超过15℃。

（4）每次机组重新加注冷却液时，要打开系统各放气阀排出系统中的空气。

（5）保证UPS（电源）运行正常。

（6）提高转速时应逐级增加（调整跨度为5r/min），防止飞车。

（四）标准操作规程

1．操作流程

2803/2804型天然气压缩机组启停操作流程见图2-32。

2．操作过程

（1）压缩机投用前的准备工作。

① 对压缩机区进行氮气置换、吹扫，确保合格。

② 对压缩机区进行天然气置换，确保合格。

③ 完成压缩机各部分的试压及验漏工作，确保合格。

（2）启动前检查。

① 燃料气系统。

（a）检查并确认燃气系统各阀门开关状态是否正确，燃料气/启动气一级减压阀后压力是否为0.6~0.8MPa，燃料气调压阀后压力在0.08~0.12MPa之间。

（b）检查并确认动力缸液压油储罐油位不低于液压系统回油管线的高度，否则及时补充。

（c）检查液压罐供气阀是否打开，排净液压注气系统中的空气。

（d）燃料气注气阀杆加注专用高温润滑脂。

（e）打开燃料气电磁切断阀。

第二章 集气站标准操作

流程图

准备工作 → **投运前准备** → **启动前检查** → **压缩机启用** → **加载** → **运行中检查** → **压缩机停用** → **清洁场地** → **填写记录**

- 投运前准备：
  - 对压缩机区进行氮气置换吹扫
  - 对压缩机区进行天然气置换
  - 压缩机反压及验漏

- 启动前检查：
  - 检查燃料系统压力、油位、流程
  - 检查高位油位、油器及注冷却水箱水位
  - 检查发动机、压缩机冷却水循环系统
  - 检查水泵和空气冷却器皮带张紧度、机组洗涤罐排污阀关闭
  - 润滑油加热器、压缩机水加热器、电伴热均处于打开状态
  - 检查加载阀打开，进气压力为0.1~0.2MPa

- 压缩机启用：
  - 开压力平衡阀，盘车，放空阀，确认无卡阻，关放空阀，压力平衡阀
  - 电源开关旋至"ON"位，按下复位按钮
  - 手摇预润滑油泵不少于50个冲次
  - 打开启动气球阀，打开燃气阀，压缩机转速达到180r/min以上关闭启动气球阀

- 加载：
  - 调压缩机转速为300~350r/min，空载暖机
  - 待压力缸水温升至54℃，提高速度到360r/min
  - 依次开压缩机出口球阀，关加载阀，开进气阀，调转速及进气压力

- 运行中检查：
  - 检查操作面板各参数运行情况
  - 检查机体各仪表、仪表风管线、油位、水位正常、无异响

- 压缩机停用：
  - 降低发动机的转速至300~320r/min
  - 关进气压力保护阀，关进气阀，开加载阀，机组卸载
  - 总怠速运行3~5min，停机；放空，关出口阀

图2-32 2803/2084型天然气压缩机启停操作流程

87

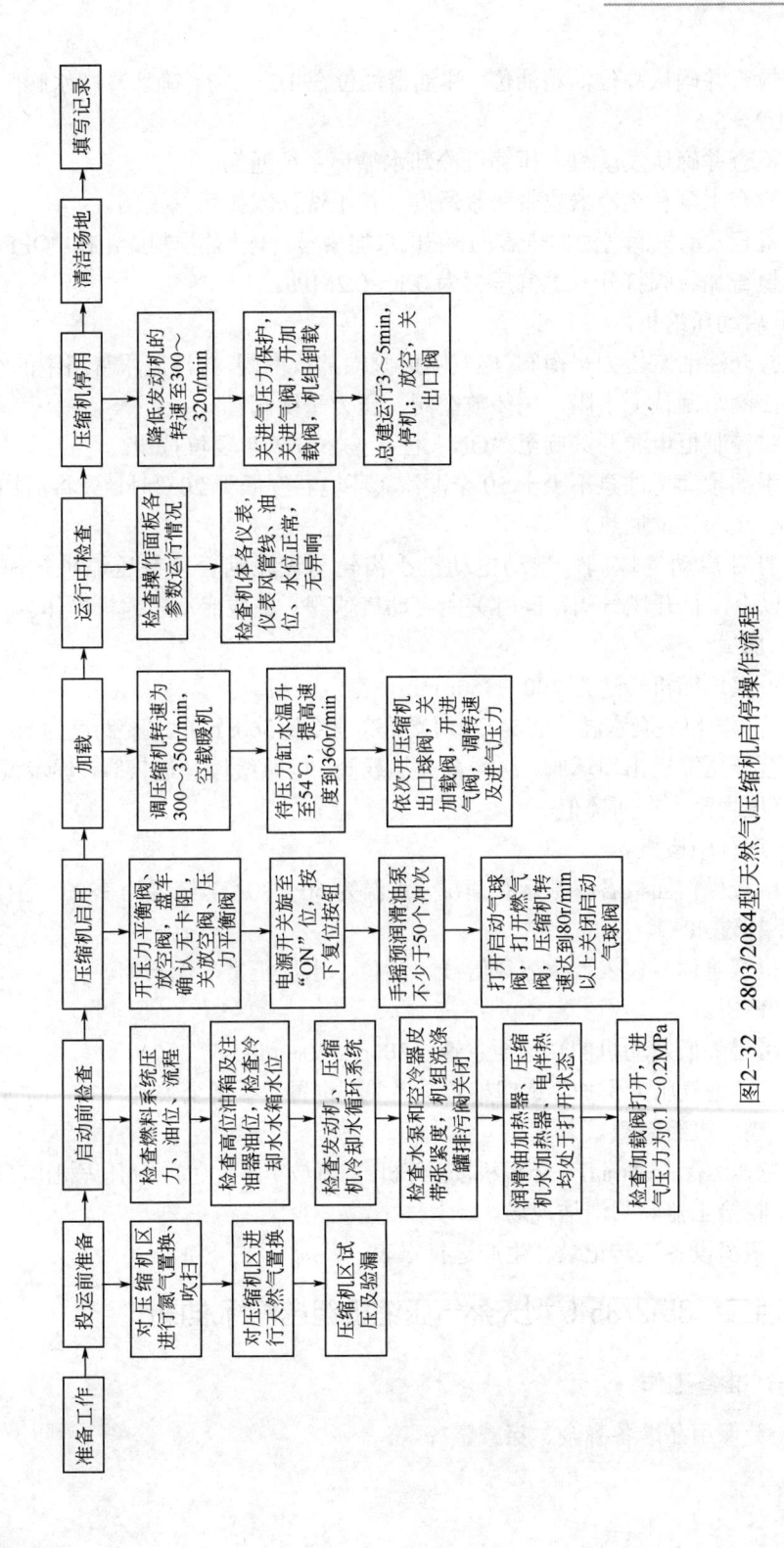

② 检查并确认高位油箱油位、注油器油位在 1/2～2/3，确认冷却水膨胀水箱液位在 1/2～5/6。

③ 检查并确认发动机、压缩机冷却水循环系统通畅。

④ 检查水泵和空冷器皮带张紧适度，机组洗涤罐排污阀关闭。

⑤ 检查发动机润滑油加热器、压缩机水加热器、电伴热控制旋钮在"OFF"位。

⑥ 检查加载阀打开；进气压力为 0.1～0.2MPa。

（3）启动压缩机。

① 打开注油缸压力平衡阀、燃气喷射阀端部放空阀，排净液压管路中的空气，盘车 1～2 圈，确认无卡阻，关闭放空阀、压力平衡阀。

② 将控制柜电源开关旋至"ON"位，按下仪表盘复位按钮。

③ 手摇预润滑油泵不少于 50 个冲次（环境温度低于 20℃时，先将油加热器旋钮旋至"ON"位加热）。

④ 打开启动气球阀，启动电动机小齿轮与飞轮啮合，待压缩机转速达到 80r/min 以上，打开燃气阀，同时关闭启动气球阀，完成启动压缩机操作。

（4）加载。

① 调整压缩机转速为 300～350r/min，空载暖机。

② 待压力缸夹套水温升至 54℃，缓慢提高速度到 360r/min（调整跨度为 5r/min）。

③ 全开压缩机出口球阀，缓慢全关加载阀，同时缓慢开进气阀，逐步调整转速及进气压力至生产所需值。

（5）运行中检查。

① 检查操作面板各参数运行情况，水温为 60～80℃，缸温为 380℃左右，各缸温差不超过 40℃。

② 检查机体各仪表、仪表风管线、油位、水位正常，无异响。

（6）停机。

① 缓慢降低发动机的转速至怠速（300～320r/min）。

② 将"进气压力保护"旋钮旋转至"关"位置，缓慢全关进气阀，同时缓慢全开加载阀，机组卸载。

③ 怠速运行 3～5min，按下停机按钮停机；打开放空阀放空，关闭压缩机出口球阀。

（7）收拾工器具，清洁现场。

（8）填写设备运转记录、生产运行报表。

项目二　3512/3516 型天然气压缩机组启停标准操作

（一）准备工作

（1）劳保用品准备齐全、穿戴整齐。

(2)工具、用具与材料准备：600mm 防爆 F 形扳手 1 把，防爆勾头扳手 1 把，250mm 防爆活动扳手 1 把，盘车工具 1 把，对讲机 2 部，耳塞 3 副，安全带 1 副，加油桶 1 个，耐油手套 1 副，黄油枪 1 把，棉纱若干，记录笔、本 1 套。

(3)操作人员要求：两人操作，一人监护。

（二）风险识别与消减措施

风险识别 1：启动压缩机前盘车时操作不当引起机械伤害。

消减措施：盘车时正确使用工具，侧身操作，防止工具飞出伤人。

风险识别 2：压缩机缸体温度高，操作与巡回检查时易引起烫伤。

消减措施：操作与巡回检查时要远离缸体，防止烫伤。

风险识别 3：压缩机运行时噪声大，操作与巡回检查时易引起噪声伤害。

消减措施：操作与巡回检查时要佩戴耳塞，防止噪声伤害。

风险识别 4：登高作业时引起高空坠落伤害。

消减措施：登高时佩戴安全带，防止高空坠落伤人。

风险识别 5：流程切换不当易引起设备、管线超压。

消减措施：切换流程时要严格按照"先开后关"原则进行操作，防止设备、管线超压。

风险识别 6：压缩机在运行中突然发生紧急异常。

消减措施：立即按下紧急停车按钮。

（三）技术要求

（1）环境温度低于 0℃时，将油加热器、水加热器、电伴热旋钮旋至 "ON"位，环境温度高于 40℃时，不能启动压缩机。

（2）检查压缩机各级进排气温度是否正常，若温度超高要进行调整，必要时停机进行检查，查明原因并排除故障。

（3）检查发动机各动力缸温度是否正常，各缸温差不超过 15℃。

（4）每次机组重新加注冷却液时，要打开系统各放气阀排出系统中的空气。

（5）保证 UPS 运行正常。

（6）提高转速时应逐级增加（调整跨度为 5r/min），防止飞车。

（四）标准操作规程

1. 操作流程

3512/3516 型天然气压缩机组启停操作流程见图 2-33。

图2-33 3512/3516型天然气压缩机组启停操作流程

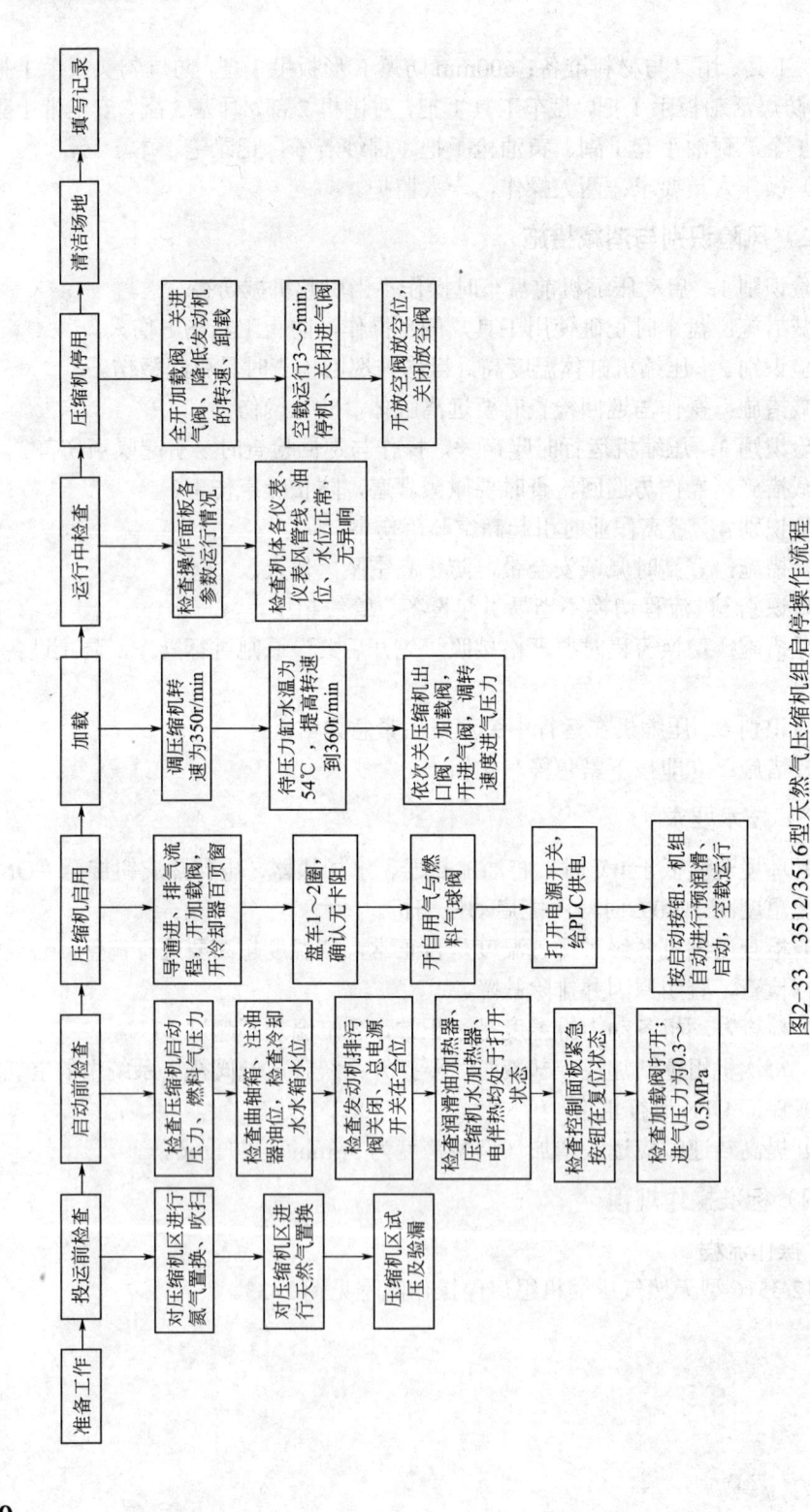

2．操作过程

（1）启动前检查。

① 检查一、二级进气分离器液位计面板显示无积液（图2-34）。

图2-34　积液检查示意图

② 检查控制柜动力电源、UPS电源指示灯亮。

③ 检查曲轴箱油位在95%，高位油箱油位在1/2以上，检查注油器油位在1/2～2/3之间，检查液压油罐油位在1/2以上即可（图2-35）。

图2-35　检查曲轴箱油位示意图

④ 检查发动机、压缩机冷却水循环系统，检查水泵和空冷器皮带张紧度，检查高位水箱水位在1/2以上。

⑤ 检查机组洗涤罐排污阀关闭，润滑油加热器、压缩机水加热器、电伴热器

均处于打开状态。

⑥ 检查加载阀打开，进气压力为 0.1~0.2MPa。

（2）启动压缩机。

① 联系作业区调控中心，准备投运压缩机；导通压缩机组工艺气进气与排气流程，打开压缩机加载阀门。

② 半开冷却器百叶窗至合适开度后，锁紧百叶窗手柄。

③ 按动注油器各柱塞泵泵油数次，使气缸及活塞杆得到预润滑。

④ 打开动力缸头放空球阀，人工盘车 2~4 圈，应无卡阻、异响等不正常现象和感觉，然后关闭球阀。

⑤ 打开自用气进气球阀，启动器压力为 0.6~0.8MPa，打开启动器球阀。

⑥ 打开燃料气球阀（图 2-36），燃料气进气压力为 0.056~0.14MPa。

图 2-36　打开燃料气球阀操作示意图

⑦ 打开 PLC 柜电源（图 2-37），按下启动按钮，启动指示灯闪烁，按消音复位按钮，故障报警画面无报警，将调速盒开关打到"ON"位。如果环境温度高于 10℃时，手摇预润滑油泵不少于 50 个冲程；若环境温度低于 10℃，应启动外循环电加热系统，机油温度达到 10℃以上方可开机；再按下启动按钮，启动指示灯常亮，方可启机。

⑧ 手动拨启动电动机齿轮与飞轮齿轮啮合（图 2-38），并将燃气切断阀置于开启位置，压下启动球阀，启动压缩机组，待压缩机转速达到 100r/min 左右时，打开燃气进气球阀，待点火后，立即关闭启动进气球阀。

⑨ 机组启动后，打开压缩机进气阀门，进气压力升至 0.2~0.3MPa 后，关闭启动进气阀门，在怠速下热机。

图 2-37　PLC 柜电源示意图

图 2-38　手动拨启动发动机齿轮与飞轮齿轮啮合操作示意图

（3）加载操作。

① 检查动力缸夹套水出水温度升至 50℃以上，机油液位指示器的液位下降 1/3～1/2，机油温度达到 30℃以上时，方可增加转速带负荷运行。

② 在调速界面，将机组转速调至 350r/min 左右，缓慢开启进气阀门，观察压缩机运行情况是否正常，当压缩机各部位稳定运行，压力缸水温为 54℃后，提高转速度到 360r/min，依次缓慢关闭压缩机出口球阀、加载阀，开进气阀调节进气压力。

③ 观察各级压缩缸的压力和各动力缸的温度等各项参数正常后方可离开。

（4）运行中检查。

检查操作面板各参数运行情况，检查机体各仪表、仪表风管线、油位、水位正常，无异响。

（5）正常停压缩机。

① 联系作业区调控中心，准备停运压缩机。

② 关闭进气压力保护，缓慢关闭进气球阀，同时逐步降低发动机转速至 300～320r/min，打开放空阀 1/5 后，再打开压缩机加载阀门，使压缩机卸载（图 2-39）。

图 2-39 压缩机卸载操作示意图

③ 使压缩机空载低速运行 3～5min 后，检查和监听各部位运转和声响是否正常。

④ 按下停机按钮，关闭燃料气阀，使压缩机停止运转。

⑤ 关闭压缩机放空阀和外输阀门。

⑥ 手动压注油器各柱塞手柄（图 2-40），向各润滑点注油少许，并盘车 2～3 圈。

图 2-40 手动压注油器柱塞手柄操作示意图

(6) 紧急停压缩机。

当压缩机在运行中突然发生紧急异常时，立即按下紧急停车按钮停压缩机。

(7) 收拾工具、用具，清洁现场。

(8) 填写设备运转记录。

第三节　发电机及相关标准操作

一、发电机

目前，气田在用、在建集气站，部分所用的电是由进口发电机来提供。发电机在各集气站的作用是至关重要的，发电机不正常或瘫痪，就会造成集气站甚至干线的生产中断。常用的发电机有 18RFZ-72N 燃气发电机、30RFZ 燃气发电机、30GGFB 燃气发电机以及美国 KOHLER 公司的 125RZG 天然气发电机组（图 2-41）。

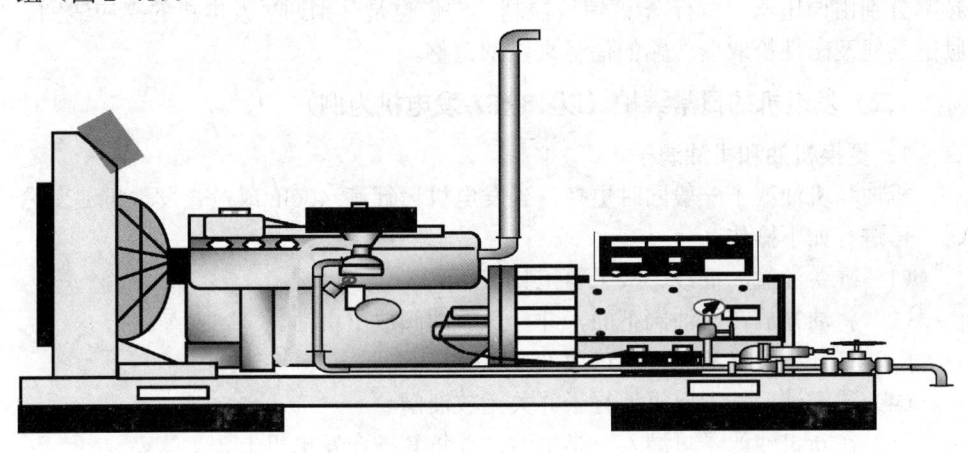

图 2-41　发电机外观示意图

（一）发电机的工作原理

1. 18RFZ-72N 发电机

该发电机是采用 5 灯微处理控制器来实现控制的，它主要控制发电机的五项指标，即高水温（103℃）、低油压（103kPa）、超转速（2100r/min）、启动超时（45s 或 75s 周期）、低水位。通过该五项指标的控制保护发电机不会过早损坏。

发动机采用正时皮带带动进排气门凸轮轴，控制进排气门的关闭与开启，点火时间由点火模块控制。

发电机的电压与频率分别由调压器、频率板控制，并通过发电机的感应线圈、励磁导线及磁性拾取器传输的信号来控制调整。

2．30RFZ 发电机

30RFZ 是采用 7 灯微处理控制器来实现控制的，它主要控制发电机的七项指标，即高水温（103℃）、低油压（103kPa）、超转速（2100r/min）、启动超时（45s 或 75s 周期）、低水温、空气脏、其他故障。

发电机的点火控制由发动机上分电盘控制，原理与普通汽油汽车一样。

发电机的电压与频率分别由调压器、频率板控制，它们分别通过发电机的感应线圈、励磁导线及磁性拾取器传输的信号来控制调整。

3．30GGFB 发电机

该发电机是由三个继电器分别控制发电机的启动、运行及故障停机。发电机的点火控制由发动机上分电盘控制，原理与普通汽油汽车一样。发电机的电压与频率分别由调压器、执行器/调速板控制，它们也是分别通过发电机的感应线圈、励磁导线及磁性拾取器传输的信号来控制调整。

（二）发电机的日常维护（以 18RFZ 发电机为例）

1．更换机油和机油滤子

机油和机油滤子一般同时更换，当发电机运行满 400h 或检查发现机油变黑时，可进行如下操作。

（1）准备油盆、棉纱、扳手等工具、用具。

（2）将油盆放在放油阀下面，并打开放油阀放出机油。

（3）打开机头机油盖，加速放油。

（4）放完油后拧下旧机油滤子并关闭放油阀。

（5）在新机油滤子里灌入一半机油，并将其拧在发电机上。

（6）加机油到油标尺的满刻度附近，拧上机头机油盖。

（7）收拾工具、用具，清洁工作场地。

2．吹扫空气滤子

空气滤子一般是满 100h 吹扫一次。操作步骤如下：

（1）准备棉纱、皮老虎等工具、用具。

（2）拧下空气滤子盖，取出空气滤子。

（3）清除空气滤子、空气滤子盖内附着的灰尘等污物并对空气滤子进行吹扫。

（4）将空气滤子装回发电机。

（5）收拾工具、用具，清洁工作场地。

3. 电瓶保养

电瓶的保养主要包括补充电瓶电解液、打磨电缆连接桩头、检查电瓶连线等操作，重点介绍补充电瓶电解液的操作过程。

（1）日常检查中发现电解液低于液位刻度下限时需对其进行补充。

（2）准备好棉纱、电瓶补充液等工具、用具。

（3）拧开电瓶加液口。

（4）加入电瓶补充液至电瓶液位刻度上限。

（5）拧紧电瓶加液口。

（6）收拾工具、用具，清洁工作场地。

4. 补充和更换冷却液

在冬季环境温度低于 0℃时水箱内需加入防冻液，夏季气温高时可用清水代替防冻液，用清水更换防冻液时，要用清水反复冲洗水箱 3～5 次，确保无防冻液残留，如果冲洗不干净，将会严重腐蚀发动机和水箱。

（三）发电机故障分析与处理

1. 故障现象

由于各集气站的生产为不间断生产，发电机所处的地位相当重要。因此，发电机故障的分析与排除必须准确、及时。发电机常见且有代表性的故障如表 2-5 所示。

表 2-5　发电机常见且有代表性的故障

序号	机组序号	使用时间（h）	故障现象
1	452125	4016	无法启动
2	451362	3014	发动机有异响
3	452219	1689	频率不稳
4	452038	3970	发动机高温、难启动
5		3100	发电机有异响，不能带负荷

2. 处理方法

（1）发电机无法启动。

发电机无法启动包括许多因素，如缺水自锁、气量过低、电瓶没电、启动线路不通、点火时间不对等，可以按图 2-42 所示程序来处理。

（2）发动机有异响。

发动机点火系统采用的是凸轮轴带动进排气门，由同步皮带同曲轴相连。一般情况下，发动机有异响主要由以下情况引起：进排气门偏磨、BOSO 气门弹簧断、砸瓦、连杆销松动等。检查排除这些故障应从简单到复杂逐级排除。

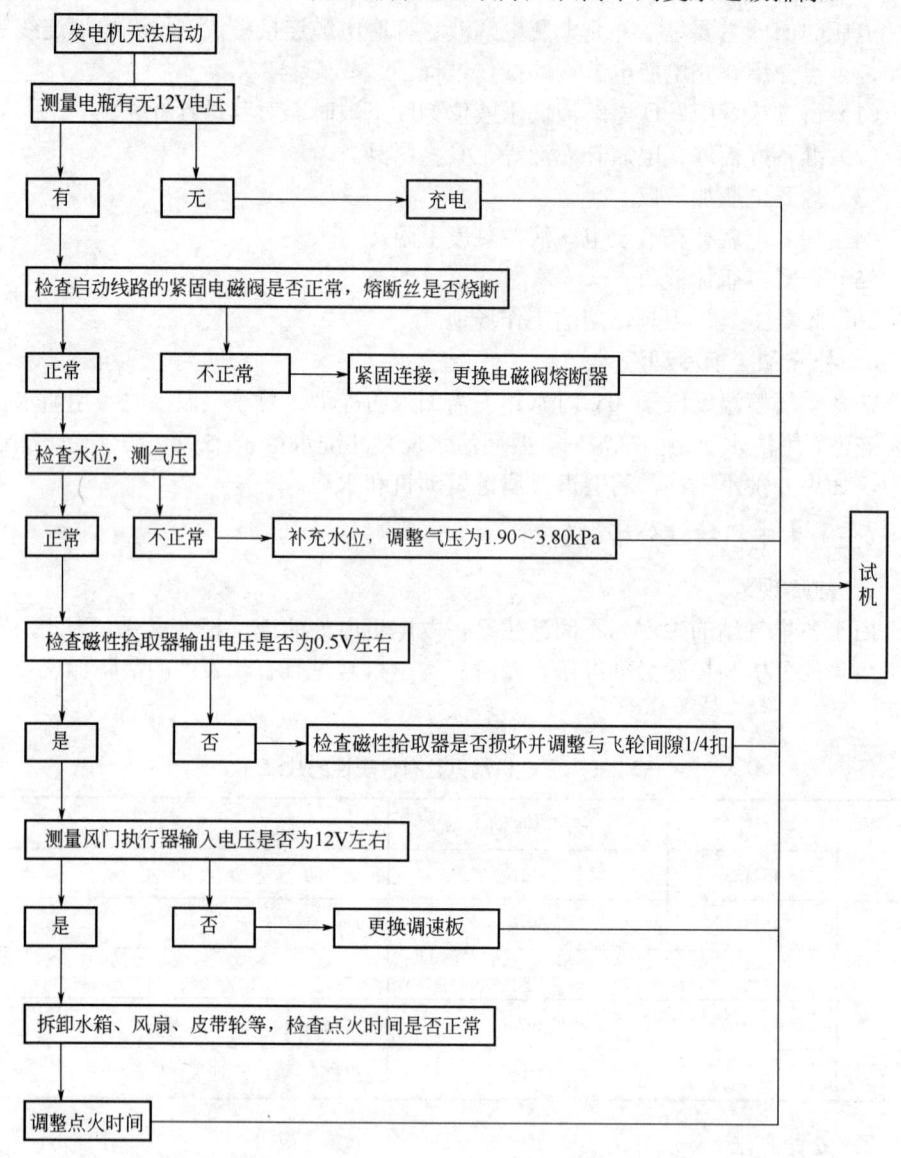

```
发电机无法启动
    │
测量电瓶有无12V电压
  ┌─┴─┐
  有   无 ──→ 充电 ──────────────┐
  │                              │
检查启动线路的紧固电磁阀是否正常,熔断丝是否烧断
  ┌─┴────┐                      │
正常   不正常 ──→ 紧固连接,更换电磁阀熔断器 │
  │                              │
检查水位,测气压                   │
  ┌─┴────┐                      │
正常   不正常 ──→ 补充水位,调整气压为1.90~3.80kPa ──→ 试机
  │
检查磁性拾取器输出电压是否为0.5V左右
  ┌─┴─┐
  是   否 ──→ 检查磁性拾取器是否损坏并调整与飞轮间隙1/4扣
  │
测量风门执行器输入电压是否为12V左右
  ┌─┴─┐
  是   否 ──→ 更换调速板
  │
拆卸水箱、风扇、皮带轮等,检查点火时间是否正常
  │
调整点火时间
```

图2-42 发电机无法启动的处理方法

(3) 发动机高温,难启动。

这种情况主要由活塞环断引起,伴随这种故障的通常还有发动机冒黑烟等现象,可以用气缸压力表测量一下各气缸压力即可判断出哪一个缸活塞环断。

(4) 发电机无法带负荷,且有异常响声(沉闷声)。

这种现象主要与气路、气质、配电系统和发电机负荷有关。首先从气路、电路检查，保证发电机的气源压力及检查电路系统有无漏电，相应地对发电机在无负荷状况下进行测试。

（5）频率不稳。

发电机频率不稳主要是由发电机各相频率不稳和发电机与发动机的控制部分有故障造成的。

二、操作项目

项目一 科勒发电机启停标准操作

（一）准备工作

（1）劳保用品准备齐全、穿戴整齐。

（2）工具、用具与材料准备：250mm 防爆活动扳手 1 把，对讲机 2 部，排污盆 1 个，绝缘手套 1 双，加机油桶 1 个，耳塞 2 副，机油适量，棉纱适量，记录本、笔 1 套。

（3）操作人员要求：一人操作，一人监护。

（二）风险识别与消减措施

风险识别 1：发电机运行中或没有冷却前给发电机补加冷却液，造成操作人员烫伤。

消减措施：发电机运行中不得靠近排气管、缸体，严禁运行中途打开发电机水箱盖，发电机运行中或没有冷却前严禁给发电机补加冷却液，防止造成人员烫伤。

风险识别 2：通风不好导致室内温度过高，引起发电机报警停机。

消减措施：保证室内通风良好。

风险识别 3：发电机运行过程中造成噪声伤害。

消减措施：操作人员在作业时必须佩戴耳塞。

风险识别 4：发电机运行时，操作不当造成机械伤害。

消减措施：操作人员在操作时劳保用品必须穿戴齐全，正确操作，防止人员受伤。

（三）技术要求

（1）燃料气供给压力应调到 0.3~0.4kPa。

（2）冬季室温应保持在 16℃以上。

（3）发电机没有冷却之前，严禁给发电机加冷却液。

（4）如果发电机出现故障停车，先检查故障指示灯，再按故障原因排除故障。

（5）发电机燃气压力为 1.7~2.7kPa。

（6）当在 5s 内发电机启动失败时，应将启动开关拨到"关"位重新启动。重新启动时要等发电机完全停止后再进行。

（7）检查电瓶正、负极连接正确、紧固，电压为 24V。

（四）标准操作规程

1．操作流程

科勒发电机启停操作流程见图 2-43。

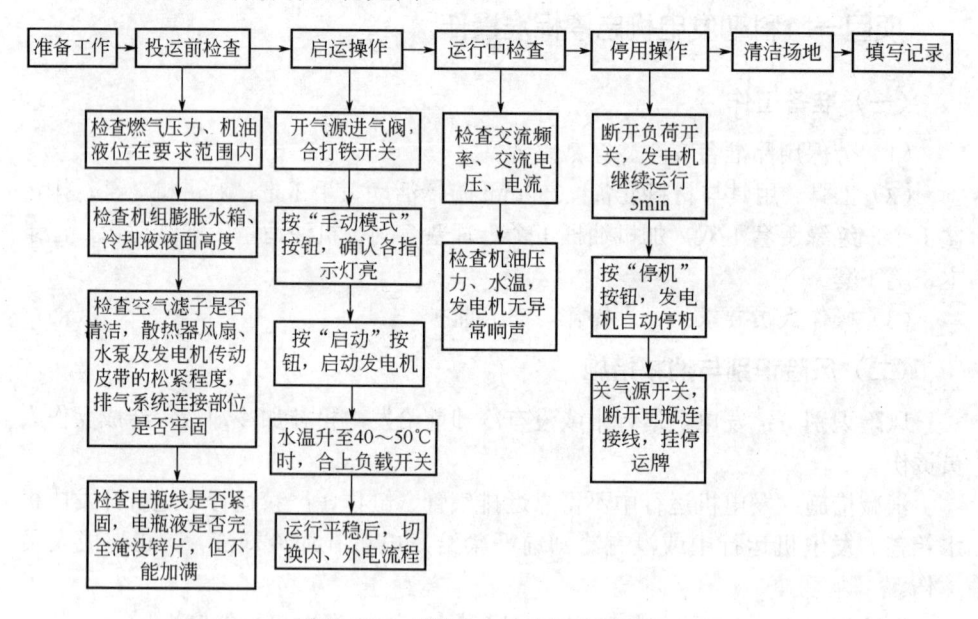

图 2-43 科勒发电机启停操作流程

2．操作过程

科勒发电机各部件如图 2-44 所示。

（1）启动前的检查。

① 检查发电机房通风良好，检查可燃气体检测仪完好且处于有效使用期内（图 2-45）。

② 检查供气管线完好，进气阀处于开启状态，检查机油液位应位于刻度尺 1/2~2/3 之间。

③ 检查水箱主体及散热片完好，防冻液应低于散热气加液口 19~38mm，检查水箱总成完好，水泵连接紧固、无渗漏。

④ 检查空气滤子清洁、外观完好，检查油加热器外观完好，连接紧固（图 2-46）。

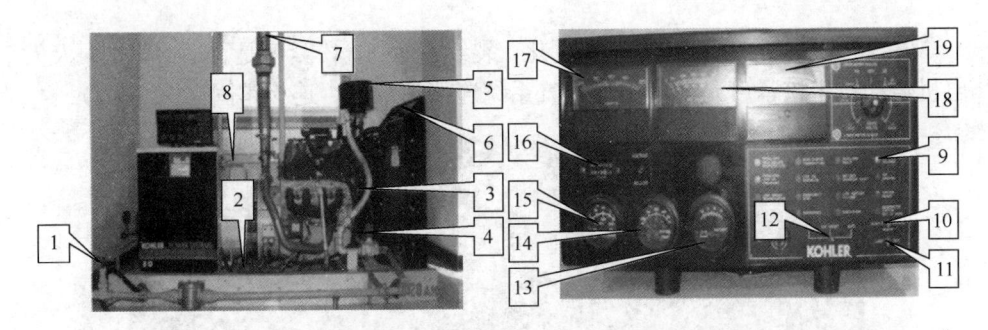

图 2-44　科勒发电机各部件示意图

1—进气阀；2—电瓶；3—量油尺；4—电磁阀；5—空气滤芯；6—水箱；7—排气管；8—搭铁开关；9—发电机报警指示灯；10—指示灯检测按钮；11—面板照明灯按钮；12—启动按钮；13—电瓶电量指示表；14—发动机机油压力表；15—发动机冷却液温度表；16—发电机累计运行时间表；17—发动机频率表；18—发电机输出电压表；19—发电机输出电流表

图 2-45　发电机房通风检查示意图

图 2-46　检查空气滤子示意图

⑤ 检查散热器风扇皮带有无老化、裂纹、毛刺，松紧度是否适中，水泵及发电机传动皮带松紧度是否适中，排气系统连接部位是否连接牢固（图2-47）。

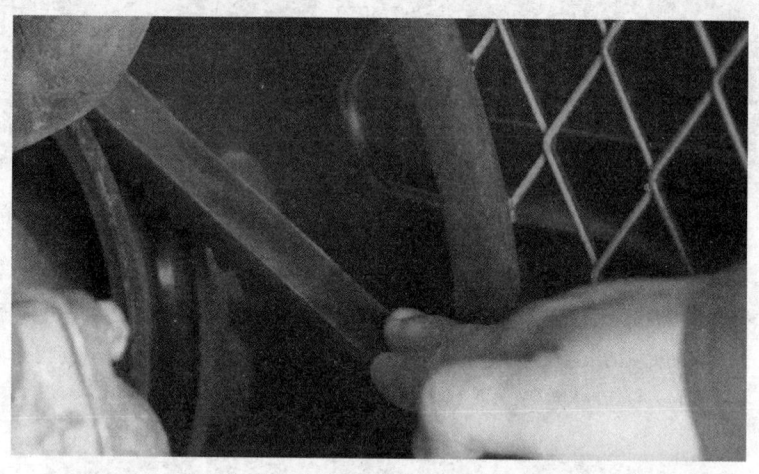

图2-47　检查散热器风扇皮带示意图

⑥ 检查电瓶电解液充足，电瓶连接线完好，电瓶液完全淹没锌片，但不能加满。

⑦ 检查启动电动机外观完好，电瓶正极与启动电动机连接紧固，负极与搭铁开关连接紧固。

⑧ 检查发电机火花塞高压线圈、高压包连接紧固，无老化、无变形（图2-48）。

图2-48　发电机检查示意图

⑨ 检查调速器模块连接紧固、灵活，控制柜面板完好，指示灯显示正确（图2-49）。

图 2-49　检查调速器示意图

（2）发电机的启动。
① 向作业区调控中心汇报启动发电机。
② 按控制柜"手动模式"按钮，再按"启动"按钮，发电机启动，进入怠速状态（图 2-50）。

图 2-50　启动发电机操作示意图

③ 当发电机转速为 750r/min，机油压力为 300~600kPa，水温升至 40~50℃时，发电机自动进入高速运转状态。
④ 向作业区调控中心汇报发电机已启动。
⑤ 当发电机转速上升至 1500r/min，输出电压为 400V，频率为 50Hz 后，闭合输出开关，按内外电切换标准操作程序将外电切换为发电机（图 2-51）。

图 2-51　将外电切换为发电机操作示意图

（3）运行中检查。

检查交流频率、交流电压、电流、机油压力、水温，发电机无异常响声。

（4）正常停机。

断开负荷开关，发电机继续运行 5min，按下"停机"按钮，发电机自动控制模块自动停机，关闭气源开关，断开电瓶接线，挂"停运"牌。

（5）向作业区调控中心汇报停运发电机。

（6）收拾工具、用具，清洁现场。

（7）填写设备运转记录。

项目二　顺天发电机启停标准操作

（一）准备工作

（1）劳保用品准备齐全、穿戴整齐。

（2）工具、用具与材料准备：250mm 防爆活动扳手 1 把，对讲机 2 部，排污盆 1 个，绝缘手套 1 双，加机油桶 1 个，耳塞 2 副，机油适量，棉纱适量，记录本、笔 1 套。

（3）操作人员要求：一人操作，一人监护。

（二）风险识别与消减措施

风险识别 1：发电机运行中或没有冷却前给发电机补加冷却液，造成操作人员烫伤。

消减措施：发电机运行中不得靠近排气管、缸体，严禁运行中途打开发电机水箱盖，发电机运行中或没有冷却前严禁给发电机补加冷却液，防止造成人员烫伤。

风险识别 2：通风不好导致室内温度过高，引起发电机报警停机。

消减措施：保证室内通风良好。

风险识别 3：发电机运行过程中造成噪声伤害。

消减措施：操作人员在作业时必须佩戴耳塞。

风险识别 4：操作人员启动发电机后，在进行内外电切换时，操作不当造成人员受伤。

消减措施：操作人员在进行内外电切换时必须戴绝缘手套，按操作规程进行操作，防止人员受伤。

风险识别 5：发电机运行时，操作不当造成机械伤害。

消减措施：操作人员在操作时劳保用品必须穿戴齐全，防止人员受伤。

（三）技术要求

（1）燃料气供给压力应调到 0.3～0.4kPa。

（2）冬季室温应保持在 16℃以上。

（3）在发电机没有冷却之前，严禁给发电机加冷却液。

（4）如果发电机出现故障停车，先检查故障指示灯，再按故障原因排除故障。

（5）发电机燃气压力为 1.7～2.7kPa。

（6）当在 5s 内发电机启动失败时，应将启动开关拨到"关"位置重新启动。重新启动时，要等发电机完全停止后再进行。

（7）检查电瓶正、负极连接正确、紧固，电压为 24V。

（四）标准操作规程

1．操作流程

顺天发电机启停操作流程见图 2-52。

2．操作过程

顺天发电机各部件如图 2-53 所示。

（1）启动前的检查。

① 电瓶正极与启动电动机相连，负极与搭铁开关相连，电解液液位在最高限与最低限之间。

② 机油液位应位于最高限与最低限之间，冷却液液位应低于散热气加液口 19～38mm。

③ 检查空气滤子、传动皮带、排气管、各连接部位，输出开关处于断开状态，接地和紧急停车按钮完好。

④ 检查发电机房通风良好，打开供气阀，检查无泄漏，气源压力在 1.7～2.7kPa 之间。

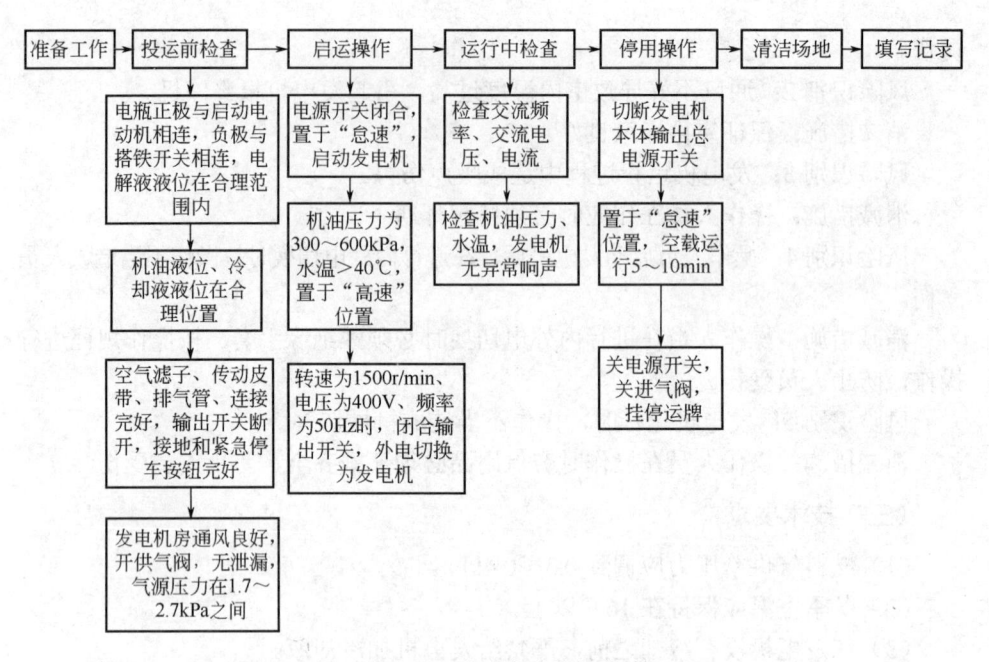

图 2-52　顺天发电机启停操作流程

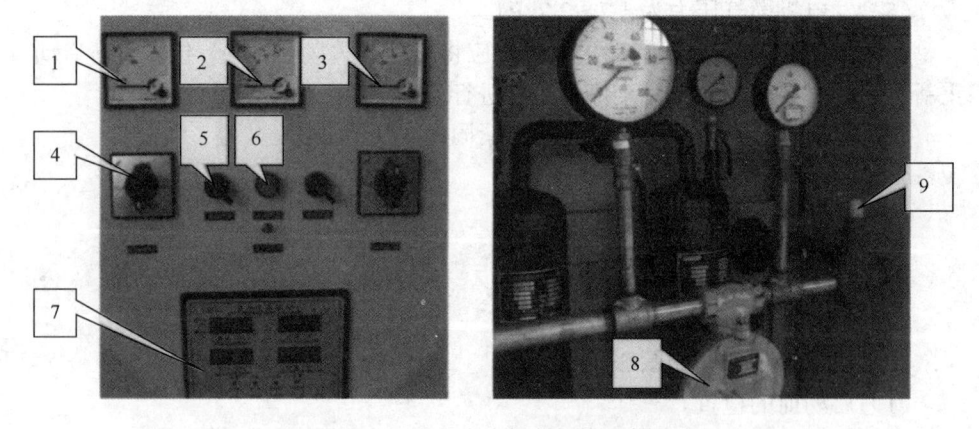

图 2-53　顺天发电机各部件示意图

1—电压表；2—频率表；3—电流表；4—电源开关；5—启动按钮；
6—"怠速/高速"转换开关；7—发动机监控仪；8—减压阀；9—调压阀

（2）发电机的启动。

① 将仪表盘上的电源开关打到闭合位置，"怠速/高速"转换开关置于"怠速"位置，按下启动按钮启动发电机。

② 机油压力为 300～600kPa，水温>40℃，将"怠速/高速"转速开关置于"高

速"位置。

③ 当发电机转速上升至 1500r/min，输出电压为 400V，频率为 50Hz 后，闭合输出开关，按内外电切换操作程序将外电切换为发电机。

（3）运行中的检查。

检查发电机电压、电流、频率、机油压力、水温，声音有无异常。

（4）正常停车。

切断发电机本体输出总电源开关，将"怠速/高速"转换开关置于"怠速"位置，空载运行 5～10min，断开仪表盘上的电源开关，关闭发电机进气阀，挂停用牌。

（5）收拾工具、用具，清洁现场。

（6）填写设备运转记录、生产运行报表。

项目三　内外电切换标准操作

（一）准备工作

（1）劳保用品准备齐全、穿戴整齐。

（2）工具、用具与材料准备：绝缘手套 1 副，配电柜钥匙 1 把，对讲机 2 部，记录笔、本 1 套。

（3）操作人员要求：一人操作，一人监护。

（二）风险识别与消减措施

风险识别：当心触电。

消减措施：操作过程中佩戴绝缘橡胶手套（图 2-54）。

图 2-54　安全操作示意图

（三）技术要求

（1）熟练操作，防止内、外电短路。

（2）依次按电路负荷逐项加载，待启动电流平稳后再加载其他设备。

（3）送电时，按照从高到低的顺序依次打开各设备电源开关。

（四）标准操作规程

1．操作流程

内外电切换标准操作流程见图2-55。

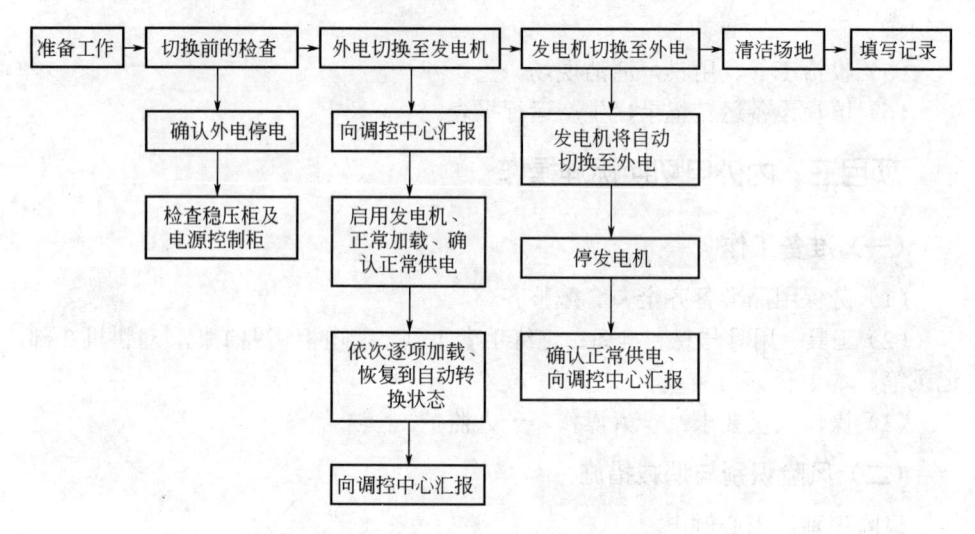

图2-55 内外电切换标准操作流程

2．操作过程

（1）切换前的检查。

① 检查稳压柜输入指示灯熄灭，确认外电停电。

② 检查稳压柜及电源控制柜各指示灯显示正常、外观完好。

（2）外电切换至发电机。

① 外电停电后，外电输入指示灯灭，UPS报警，向作业区调控中心汇报外电切换至发电机。

② 按发电机启停标准操作程序启运发电机，取下"禁止合闸"指示牌，关闭配电柜各抽屉开关（图2-56）。

③ 待发电机运行正常后，将转换开关面板上的"自动"调到"手动"，"自复"调到"不自复"，"常用"调到"备用"，打开配电柜门，手动将双电源控制开关切换到当前启用发电机供电位。

图 2-56　关闭配电柜各抽屉开关示意图

④ 合上发电机的输出开关，等待发电机正常加载后，检查多功能指示仪电压、频率显示正常，确认正常供电。

⑤ 依次按电路负荷逐项加载，待启动电流平稳后再加载其他设备。

⑥ 当三相电源显示正常后，将转换开关面板上的"手动"调到"自动"，"不自复"调到"自复"，"备用"调到"常用"，恢复到自动转换状态。

⑦ 向作业区调控中心汇报外电切换至发电机。

（3）发电机切换至外电。

① 当外电输入后，外电输入指示灯亮，多功能指示仪显示外电三相电压，发电机将自动切换至外电，待外电供电稳定后，按发电机启停标准操作程序停发电机。

② 检查多功能指示仪电压、频率显示正常，确认正常供电，挂上"禁止合闸"警示牌（图 2-57）。

图 2-57　挂警示牌操作示意图

109

③ 向作业区调控中心汇报发电机切换至外电。
(4) 收拾工具、用具，清洁场地。
(5) 填写工作记录。

第四节　清管器及相关标准操作

一、清管器

　　输气管道的输送效率和使用寿命很大程度上取决于管道内壁和输送物质的清洁状况。对气质和管道有害的物质——凝析油、水（游离水和饱和水蒸气）、硫分、机械杂质等，进入输气管道后引起管道内壁腐蚀，增大管壁粗糙度，大量水和腐蚀产物的聚积，还会局部堵塞或缩小管道的流通截面。在施工过程中大气环境也会使无涂层的管道生锈，并难免有一些焊渣、泥土、石块等有害物品遗落在管道内。管线水试压后，单纯利用管线高差开口排水是很难排净的。为解决以上问题，进行管道内部和内壁的清扫是十分必要的。因此，清管工艺一向是管道施工和生产管理的重要工艺措施。清管的基本目的可概括为以下三方面：

　　(1) 保护管道，使它免遭输送介质中有害成分的腐蚀，延长使用寿命。
　　(2) 改善管道内部的表面粗糙度，减少摩阻，提高管道的输送效率。
　　(3) 保证输送介质的纯度。

　　目前，清管技术又进入了新的领域。在输气管道上，清管器除了它原来清除管内积水和杂物的基本作用外，又增加了许多新的用途：

　　(1) 定径——与清管器探测定位仪器配合，查出大于设计、施工或生产规定的管径偏差。
　　(2) 测径、测厚和检漏——与测量仪器构成一体或作为这些仪器的牵引工具，通过管道内部，检测和记录管道的情况。
　　(3) 灌注和输送试压水——向管道灌注试压水时，为避免在管道高点留下气泡，以致打压时消耗额外的能量，影响试验压力的稳定，在水柱前面发送一个清管器就可以把管内空气排除干净。为了重复利用试压水，前一段试压完毕后可用两个清管器把水输往下一段，全部试压完毕后，还可将水送到指定的地点排放。
　　(4) 置换管内介质——用天然气置换管内空气、试压水或用空气置换管内天然气时，用清管器分隔两种介质，可防止形成爆炸性混合物，减少可燃气体的排放损失，提高工作效率。
　　(5) 涂敷管道内壁缓蚀剂和环氧树脂涂层——液体缓蚀剂可用一个清管器推顶或用两个清管器夹带，在沿线运行过程中涂在管道内壁上。环氧树脂的内涂施工比较复杂，包括管道内壁的清洗、化学处理、环氧树脂涂敷和涂敷质量的控制和检查等内容，这些工序都是利用专门的清管器实现的。

（一）清管器的分类

清管器由输气站发送装置发出后，随气流移动。它在自由状态时直径略大于管道直径，且清管器本身又带有很多钢刷和刮板，在随气流移动过程中，钢刷和刮板对管内壁形成很大的摩擦力，从而使产生良好的清管效果。

清管器种类按结构特征可分为清管球、皮碗清管器和塑料清管器三类；按用途可分为定径清管器、测径清管器、隔离清管器、带刷清管器、双向清管器等。

清管器要求具有可靠的通过能力（即可通过管道弯头、三通和管道变形处的能力）、足够的机械强度和良好的清管效果。

1. 清管球

清管球对清除管道积液和分隔介质效果较好，清除小的块状物体效果较差，不能定向携带检测仪器，也不能作为它们的牵引工具。

清管球由橡胶制成，呈球形（图2-58）。当管道直径小于100mm时，清管球为实心球；当管道直径大于100mm时，清管球为空心球。空心球壁厚30～50mm，球上有一个可以密封的注水排气孔，注水排气孔有加压用的单向阀用以控制打入球内的水量。使用时，注入液体使其球径调节到清管球直径对管道内径过盈量的5%～8%。当管道温度低于0℃时，球内注入低凝点液体（如甘醇），以防冻结。

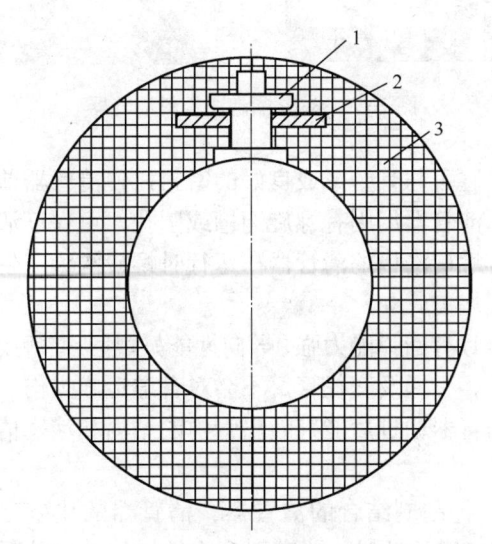

图 2-58 清管球示意图
1—注水排气孔；2—固定岛（黄铜 H62）；3—球体（耐油橡胶）

为了保证清管球牢固可靠,用整体成形的方法制造。注水排气孔的金属部分与橡胶的结合必须紧密,确保不致在橡胶受力变形时脱落。清管球制造的过盈量为2%~5%。

清管球在清管时表面受到磨损,只要清管球壁厚磨损偏差小于10%或注水不漏就可多次使用。在管道内的运动状态:周围阻力均衡时为滑动,不均衡时为滚动。

2. 聚氨酯泡沫塑料清管器

如图2-59所示,泡沫塑料清管器是表面涂有聚氨酯外壳的圆形塑料制品,外貌呈炮弹形。头部为半球形或抛物线形,外径比管线的内径大2%~4%,尾部呈蝶形凹面,内部为塑料泡沫,外涂强度高、韧度好且耐油性较强的聚氨酯胶。它是一种经济的清管工具,与刚性清管器比较,它有很好的变形能力和弹性。

图2-59 聚氨酯泡沫塑料清管器

在压力作用下,它可与管壁形成良好的密封,使清管器前后形成压差,推动清管器向前运行。沿清管器周围有螺旋沟槽或圆孔,可保证清管器体内充满液体而不致被压瘪。带有螺旋沟槽的清管器在运行时螺旋沟槽产生分力,使其旋转前进,因此清管器磨损均匀。

泡沫塑料清管器具有回弹能力强、导向性能好、变形率可达40%以上等优点,能顺利通过变形弯头、三通及变径管,不会对管道造成损伤,适用于清扫带有内壁涂层的管道。该清管器通过后能判断出管内的结垢和堵塞情况。

3. 皮碗清管器

皮碗清管器是一种刮刷结合的清管器。清管器的皮碗略大于管内径1.6~3.2mm,当清管器随气流移动时,皮碗可刮去结蜡层外部的凝油层,刷子和刮板则除去管内壁上的硬蜡层。经过清蜡后,管内壁残留的结蜡层约为1mm。

1）结构及作用

皮碗清管器（图2-60）由一个刚性骨架和前后两节或多节皮碗构成。它在管内运行时，保持着固定的方向，所以能够携带各种检测仪器和装置。清管器的皮碗形状是决定清管器性能的一个重要因素，皮碗的形状必须与各类清管器的用途相适应。

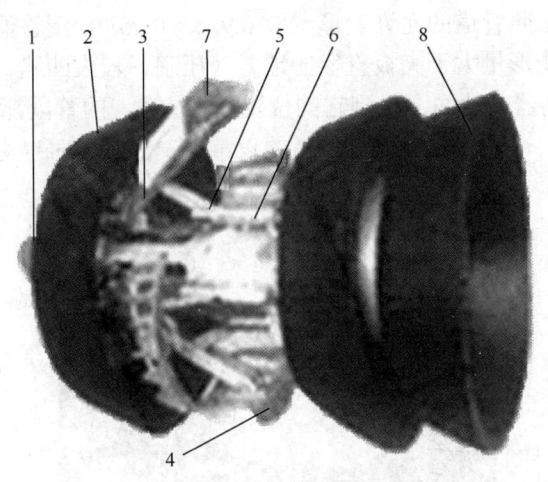

图 2-60 皮碗清管器结构示意图
1—支撑盘；2—球面皮碗；3—臂；4—钢刷；5—拉紧螺栓；6—弹簧；7—刮板；8—堵

皮碗清管主体部分的直径小于管道内径，唇部对管道内径的过盈量取2%～5%。

2）分类

皮碗清管器按功能分为定径清管器、测径清管器、隔离清管器、带刷清管器和双向清管器等。按照耐酸、耐油性和强度需要，皮碗清管器的材料可采用天然橡胶、丁腈橡胶、氢丁橡胶和聚氨酯类橡胶。

按皮碗形状可分为平面、锥面和球面三种。

平面皮碗的端部为平面，清除固体杂物的能力最强，但变形较小，磨损较快。

锥面和球面皮碗对管道变形的适应性强，并能保持良好的密封，球面皮碗还可以通过变径管。

锥面和球面皮碗容易越过小的物体，但易被较大的物体垫起而丧失密封。它们寿命长，夹板直径小，不易直接或间接地损坏管道。

3）优缺点

皮碗清管器最显著的优点是清蜡效果好；缺点是遇到变形大的管道和较大的障碍物时，通过能力较差，只能通过较大的弯头，且较笨重。

4）保存方式

长期不用的皮碗清管器，应放在支架上，以防止皮碗变形；聚氨酯橡胶不耐高温，不耐热水，长期存放应避免强光照射。

4. 定径清管器

如图 2-61 所示，定径清管器的用途是发现管道上超过允许范围的变形。前端定径夹板的直径按照管道的允许变形量取 0.925～0.95D。清管器携带定位信号发射机运行，如遇变形量大于夹板直径的地方（压扁、较大凹陷、折皱等）就被卡住，再用定位探测器从地面上找到它的位置。凡是遇卡的管段都应当切换。所以，定径清管器的遇卡，是它发挥检查作用的正常情况。它同时也可用来置换介质和清扫管内空间。

图 2-61　定径清管器

使用定径清管器可能出现的问题是，在寻找较大变形时可能损害（刮伤）较小的允许的变形，因而给管道造成新的不安全因素。

预定要用定径清管器检查的管道，在设计施工阶段，需规定管道截面的最大允许变形量和施工单位为此应承担的责任。

5. 测径清管器

如图 2-62 所示，测径清管器采用锥形皮碗，骨架筒体和夹板直径都很小，可以通过 35%～45% 的管径偏差障碍，最末一节皮碗内侧有一周均布的向后伸出的测杆，皮碗变形时这些测杆就向管道轴向摆动，摆动的位移量反映管道的变形量。测径仪连续记录各方向的半径和运行的里程，作为确定变形大小和其地点的依据。

测径清管器也可用来置换管内介质。

图 2-62　测径清管器

6. 隔离清管器

如图 2-63 所示，隔离清管器指只装有皮碗，用来清除管内积水与各种杂物或分隔介质的清管器。这种清管器的皮碗形状可按照用途选择。大直径清管器的头部最好与前夹板构成一体，使清管器前节皮碗能够在遇到障碍时起缓冲作用。

图 2-63　隔离清管器

清管器前端有一个泄流孔，打开泄流孔运行的清管器，遇到阻碍时泄流孔可以通过 5%~10% 的管道流量，借以推开聚积在清管器前的障碍物，把它分散到前方气流中去。这样，清管器既可依靠自身的推力，又可利用气流的作用把大密度的物体送到终点。这种效果显然也有利于排除清管器的堵塞。如果管内气体流速很大，这个泄流孔还可用来调节清管器的运行速度。泄流孔没有自动调整的能力，如果污物堆积很多，清管器既不能排开，也不能越过它们，那就可能发生阻滞，因此在利用泄流孔时，需按照对管内情况的实际估计选择泄流孔的大小。

7. 带刷清管器

如图 2-64 所示，带刷清管器的主要作用是清刷管壁，使之达到要求的光洁程度，提高管道的输送效率。它适用于干燥和无内涂层的管道，因为在含水管道中它的清刷效果会很快遭到新的腐蚀过程的破坏。

图 2-64　带刷清管器

带刷清管器前后两节皮碗之间，装有在圆周互相交错的不锈钢丝刷。这些钢丝刷用一根 U 形板簧垫固定在筒体上，它们能够在运动中始终对管壁施加一定压力。筒体上开有若干螺栓孔，可按实际需要控制它们的开启数量，刷下的灰尘经过这些孔落进清管器内腔，有时也可使它经泄流孔分散到前面的气流中去。

8．双向清管器

双向清管器（图 2-65）既可前进也可倒退，在水压试验时，作为分段和输水的工具。双向清管器的密封和支撑件为圆柱形橡胶盘。橡胶盘的直径大于管道内径，靠弹性力保持清管器前后的密封，这种密封条件会很快地随磨损而丧失。所以，双向清管器皮盘的寿命比皮碗短。

图 2-65　双向清管器

(二) 清管球在输气管线中的运行规律及所处位置的判断

1．清管球在输气管线中的运行规律

(1) 球在管内的运行速度主要取决于管内阻力大小（污物与摩擦阻力）、输入与输出气量的平衡情况及管线经过地带、地形等因素。球在管内运行时，可能时而加速，时而减速，有时甚至暂停后再启动运行。

（2）在管内污水较少和球的漏气量不大的情况下，球速接近于按输气量和起、终点平均压力计算的气体流速，推球压差比较稳定，也不随地形高差变化而变化。这是因为污水较小时球的运行阻力变化不大，球运行压差较小，球速与天然气流速大体相同。

（3）球在污水较多的管段运行时，推球压差和球速变化较大，并与地形高差变化基本吻合，即上坡减速，甚至停顿增压，下坡速度加快，这是因为推球压差是根据地形变化自动平衡的。

2．清管球运行位置的判断方法

（1）清管球通过指示器发出信号。指示器应安装在发球站球阀下游 1m 左右的地方。收球站及中途有用户的输气站，则安在进站前 500~1000m 的地方，中途阀室安装在站内出站方向上。

（2）人工监听。在没有安装清管球指示器的输气管线上或有其他要求时，则可以沿线选择监听点，专人监听，了解污水和清管球通过情况。

（3）用容积法计算球的运行距离和速度。在清管球运行过程中，根据输气管线长度及管线起伏情况，每隔 15~30min 用容积法计算一次球运行的距离，结合管线走向的起伏变化，调节进气量和推球压力。

（三）清管球（器）运行中监控及故障处理

（1）清管球（器）与管壁密闭不严漏气而引起清管球（器）不走。

① 最好发第二个球顶走第一个球，两个球一起运行，形成"串联球塞"，使漏气量大大减少而解卡。

② 上游增大进气量，用上游管线进气升压，然后迅速打开，以突然增大球前压力和流速。

③ 减少下游气源进入输气管线的气量或将下游邻近球前的阀门关闭，该段管线放空引球，以增大压差，使球启动。

（2）清管球（器）破。

检查和判断清管球（器）破的原因，排除故障后用第二个球推顶破球。

（3）清管球（器）推力不足。

在允许最高工作压力下，增大上游压力或在下游球停段放空引球。

（4）球卡。

先增大上游压力，以增大压差，当仍不能解卡时，则可在下游段管线放空引球，如用上述方法仍不能解卡时，则只能上游放空，从下游进气，把球反向推回发球站。

二、操作项目

项目一 标准型清管阀发球标准操作

（一）准备工作

（1）劳保用品准备齐全、穿戴整齐。

（2）工具、用具与材料准备：600mm防爆管钳或防爆F形扳手1把，375mm防爆活动扳手1把，200mm防爆平口螺丝刀1把，对讲机2部，便携式气体检测仪1部，通过指示仪1个，定位仪1个，计算器1个，钢卷尺1把，游标卡尺1个，称重器1个，清管器1个，5号电池6节，密封圈2个，螺栓松动剂1瓶，验漏瓶1个，排污盆1个，棉纱、黄油适量，记录笔、纸1套。

（3）操作人员要求：两人操作，一人监护。

（二）风险识别与消减措施

风险识别1：设备带压操作引起机械伤害。

消减措施：打开清管阀快开盲板前，必须先对阀体腔室内部放空泄压为零后再操作，严禁带压操作引起人员伤害。

风险识别2：快开盲板飞出伤人。

消减措施：操作过程中，操作人员必须站立在阀体侧面，严禁正对快开盲板操作。

风险识别3：天然气泄漏、刺漏引起火灾及中毒。

消减措施：发球过后必须进行验漏操作，防止天然气泄漏与刺漏引起火灾及中毒事故。

（三）技术要求

（1）清管作业过程中，必须确保清管阀所通过管线阀门处于全开状态。

（2）发球前必须严格检测各项参数及信号发射、接收装置，发球时控制气体流速，保证清管器速度不大于3m/s。

（3）标准型清管阀阀体不带旁通，发球时必须使用旁通流程。

（4）发球时注意将清管器喇叭口对正气流，下游有旁通的工艺流程必须关闭旁通阀。

（5）清管阀安装后要定期检查密封面是否磨损，填料是否过期失效，O形圈是否磨损，检查泄压排污阀的使用情况。

（6）倒流程时必须通知作业区调控中心，开始记录相关参数（温度、流量、压力、发球时间）。

（四）标准操作规程

1．操作流程

标准型清管阀发球操作流程见图 2-66。

```
准备工作 → 发球前准备 → 发球操作 → 运行中检查 → 清洁场地 → 填写记录
```

发球前准备：
- 发球前通知作业区进行协调发球
- 检查清管阀上的仪表、阀、放空、销钉完好
- 检查清管球各附件，对清管器称重、测外径，检查信号发射与接收装置正常
- 检查核对清管区工艺流程

发球操作：
- 开旁通阀，关清管阀及上下游阀，开放空阀泄压
- 拔销钉、开盲板，送清管球入发球腔内，关盲板、插销钉，开发射阀，关放空阀，排污阀，充压、验漏
- 倒好收球流程后，全开发射阀，开清管阀下游、上游阀，关旁通，清管球发出，记录发球时间
- 开旁通阀，关清管阀上游阀、下游阀，开放空阀泄压
- 打开盲板，关发射阀，确认清管球发出，通知收球
- 关盲板、插销钉，开发射阀，关排污阀，开清管阀下游阀，充压、验漏合格后，开放空阀对清管阀泄压

运行中检查：
- 记录外输压力、温度、瞬时流量、累积气量
- 随时与收球单位联系

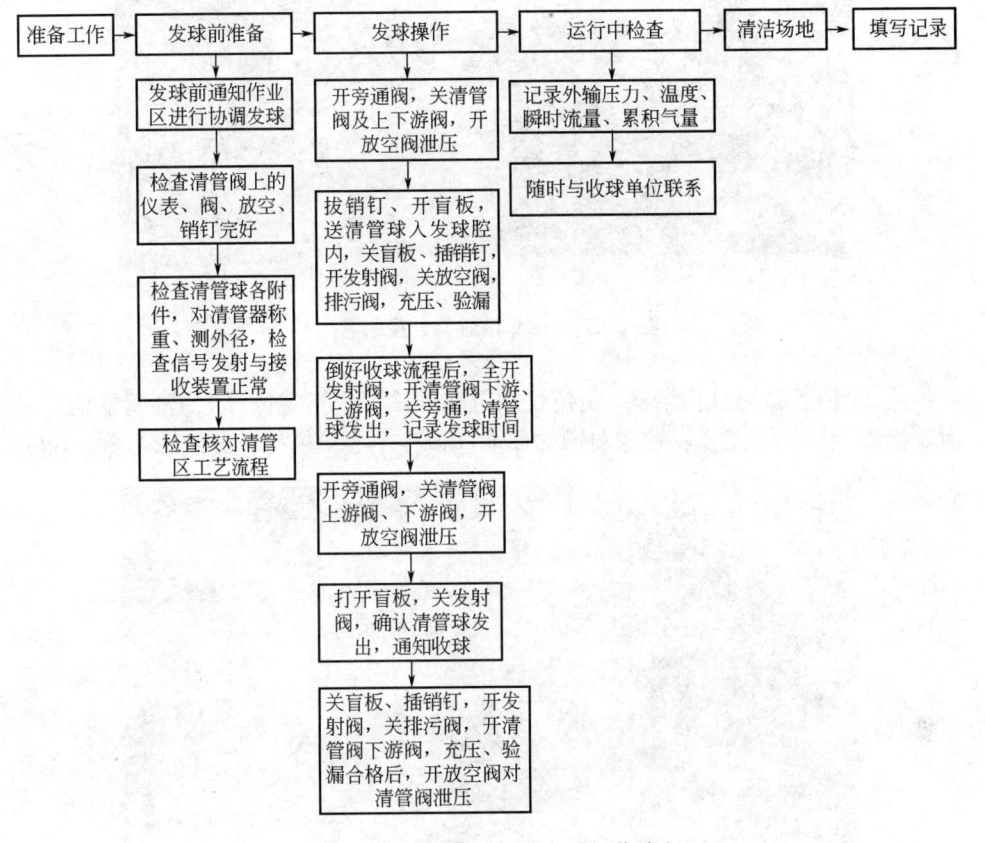

图 2-66 标准型清管阀发球操作流程

2．操作过程

（1）发送前的准备工作。

① 检查核对清管区工艺流程，确认清管阀上游球阀关闭、发射阀打开（检查销钉、手轮、丝杆完好）、下游球阀关闭、排污阀关闭、旁通阀打开，各阀门开关灵活。

② 检查清管区工艺流程，外输阀、旁通阀打开，下游流程畅通。

③ 检查清管器并对清管器称重、测外径，装入电池并进行外观描述，确保各附件装配齐全、合格（图 2-67）。

图 2-67　测量清管器外径示意图

④ 将清管器通过指示器、定位仪放置在外输管线指定位置上；清管器信号发射、接收装置正常工作，发球前通知作业区调控中心，进行协调发球（图 2-68）。

图 2-68　清管器安置示意图

(2) 发球操作。

① 打开旁通阀，关闭清管阀，打开清管阀阀体排污阀，将管段及阀内压力泄为零。

② 拔出销钉，站在侧位打开快开盲板，清洗保养后打开发射阀，将清管器放入发球腔内，关闭快开盲板，插入销钉，关闭排污阀，缓慢打开下游球阀充压至 20%、40%、60%、80%、100%，验漏至合格（图 2-69）。

图 2-69　打开快开盲板操作示意图

③ 全开发射阀，打开清管阀下游阀、上游阀，通知作业区调控中心，准备发球（图 2-70）。

图 2-70　打开清管阀操作示意图

④ 关闭旁通阀，清管器发出，通过指示仪显示清管器已通过，记录发球时间。
⑤ 打开旁通阀（图 2-71），关闭清管阀下游球阀、上游球阀，打开排污阀，将清管阀泄压为零。
⑥ 打开快开盲板，关闭发射阀，确认清管器发出，将发出时间通知作业区调控中心。
⑦ 关闭快开盲板，插入销钉，打开发射阀，关闭排污阀，打开下游球阀，对清管阀进行充压至系统压力，关闭下游球阀，验漏合格后，打开排污阀，泄压为零后关闭排污阀。

121

图 2-71　打开旁通阀操作示意图

（3）运行中检查。

① 检查、清洁清管流程。

② 每隔 10min 记录外输压力、温度、瞬时流量、累积气量，随时与作业区调控中心联系。

（4）收拾工具、用具，清洁现场。

（5）填写清管记录。

项目二　旁通型清管阀发球标准操作

（一）准备工作

（1）劳保用品准备齐全、穿戴整齐。

（2）工具、用具与材料准备：600mm 防爆管钳或防爆 F 形扳手 1 把，375mm 防爆活动扳手 1 把，200mm 防爆平口螺丝刀 1 把，对讲机 2 部，便携式气体检测仪 1 部，通过指示仪 1 个，定位仪 1 个，计算器 1 个，钢卷尺 1 把，游标卡尺 1 个，称重器 1 个，清管器 1 个，5 号电池 6 节，密封圈 2 个，螺栓松动剂 1 瓶，验漏瓶 1 个，排污盆 1 个，棉纱、黄油适量，记录笔、纸 1 套。

（3）操作人员要求：两人操作，一人监护。

（二）风险识别与消减措施

风险识别 1：设备带压操作引起机械伤害。

消减措施：打开清管阀快开盲板前，必须先对阀体腔室内部放空泄压为零后再操作，严禁带压操作引起人员伤害。

风险识别 2：快开盲板飞出伤人。

消减措施：操作过程中，操作人员必须站立在阀体侧面，严禁正对快开盲板操作。

风险识别3：天然气泄漏、刺漏引起火灾及中毒。

消减措施：发球过后必须进行验漏操作，防止天然气泄漏与刺漏引起火灾及中毒事故。

（三）技术要求

（1）清管作业过程中，必须确保清管阀所通过管线阀门处于全开状态。

（2）发球前必须严格检测各项参数及信号发射、接收装置，发球时控制气体流速，保证清管器速度不大于3m/s。

（3）发球时注意将清管器喇叭口对正气流，下游有旁通的工艺流程必须关闭旁通阀。

（4）清管阀安装后要定期检查密封面是否磨损，填料是否过期失效，O形圈是否磨损，检查泄压排污阀的使用情况。

（5）倒流程时必须通知作业区调控中心，开始记录相关参数（温度、流量、压力、发球时间）。

（四）标准操作规程

1. 操作流程

旁通型清管阀发球操作流程见图2-72。

2. 操作过程

（1）发送前的准备工作。

① 发球前通知作业区技术组，进行协调发球。

② 检查确认清管阀上的仪表、阀、放空设施、销钉完好。

③ 检查核对清管区工艺流程，确保各阀门、仪表开关状态正确，确认外输阀、旁通阀打开，下游流程畅通。

④ 检查清管球各附件，并对清管球称重、测外径，装入电池并进行外观描述，确保各附件装配齐全、合格，清管球信号发射、接收装置正常工作。

⑤ 通知收球单位检查保养收球装置以及仪表，确保其正常、无泄漏。

（2）发球操作。

① 关闭清管阀，打开清管阀上的放空阀，将清管阀腔室内压力泄压为零。

② 确认清管阀腔室内压力为零且无内漏，打开快开盲板，将清管球送入发球腔内。

③ 关闭快开盲板、放空阀，缓慢打开清管阀，当有气体声时，对盲板进行验漏；验漏时全开清管阀，清管球发出，通过指示仪显示通过指示，记录发球时间。

123

```
准备工作 → 发球前准备 → 发球操作 → 运行中检查 → 清洁场地 → 填写记录
```

发球前准备：
- 发球前通知作业区进行协调发球
- 检查清管阀上的仪表、阀、放空、销钉完好
- 检查清管区工艺流程外输阀、旁通阀打开，下游流程畅通
- 检查清管球各附件，对清管球称重、测外径，检查信号发射与接收装置正常
- 通知收球单位检查保养收球装置以及仪表，确保其正常，无泄漏

发球操作：
- 关清管阀，开放空阀泄压
- 开盲板，送清管球入发球腔内
- 关盲板、放空阀，开清管阀，当有气体声时验漏；球发出，记录发球时间
- 关清管阀，开放空阀泄压至压力为零且无内漏
- 开盲板，确认清管球发出，通知收球
- 关盲板、放空阀，清管阀充压、验漏合格后泄压

运行中检查：
- 记录外输压力、温度、瞬时流量、累积气量
- 随时与收球单位联系

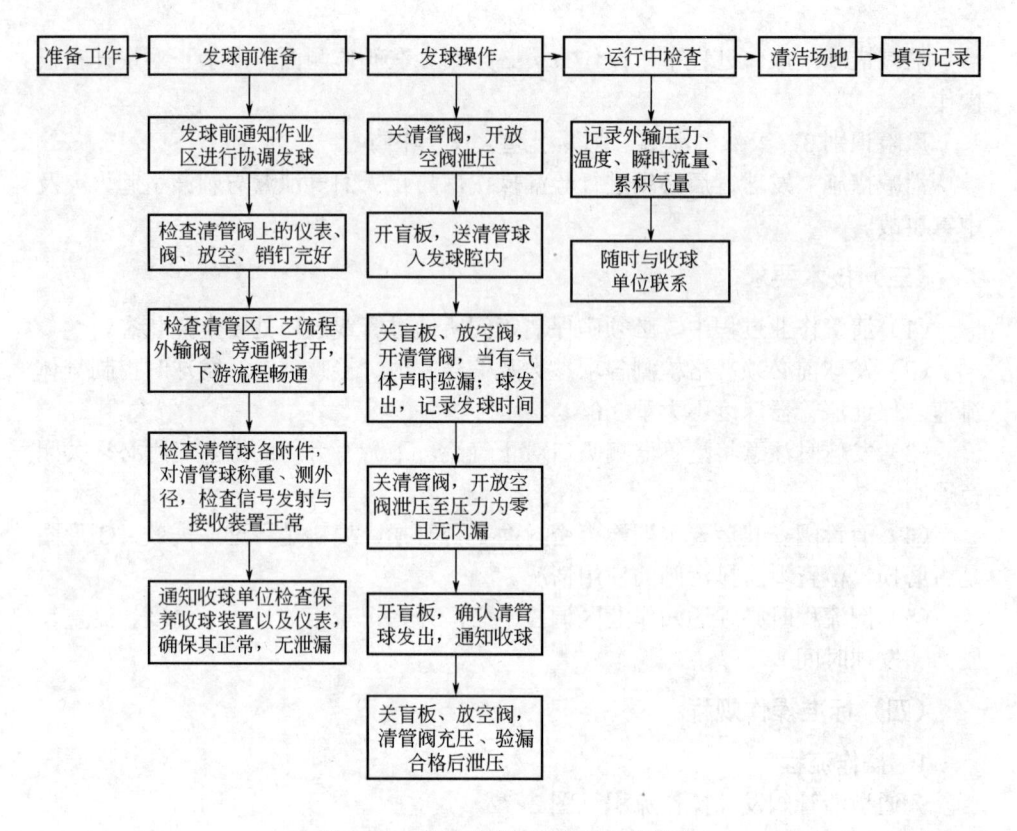

图 2-72　旁通型清管阀发球操作流程

④ 关闭清管阀，打开放空阀，将清管阀泄压为零，确认清管阀腔室内压力为零且无内漏。

⑤ 打开快开盲板，确认清管球发出，将发出时间通知收球单位。

⑥ 关闭快开盲板，关闭放空阀，打开对清管阀充压、验漏，合格后泄压。

（3）运行中检查。

每隔 10min 记录外输压力、温度、瞬时流量、累积气量，随时与收球单位联系。

（4）收拾工具、用具，清洁现场。

（5）填写设备运转记录、生产运行报表。

（五）清管操作常见故障及排除方法

清管操作常见故障及排除方法见表 2-6。

表 2-6 清管操作常见故障及排除方法

故障现象	故障原因	排除方法
清管器中途停止	管线内有硬物或焊瘤	增大气量或清管器前放空；发第二个清管器
	清管器前后压差过小	
	清管器可能停留在管径较大的三通处或遇卡	
遇卡	固体污物或其他硬物瘀塞	增大气量或清管器前放空；利用清管指示仪寻找遇卡清管器；采取合理措施解卡
	清管器前段皮碗破损	
	管道变形	
推力不足	管线内杂物多或有水合物产生	增大气量或清管器前放空
	输气管线高差较大	

项目三 发球筒发球标准操作

（一）准备工作

（1）劳保用品准备齐全、穿戴整齐。

（2）工具、用具与材料准备：600mm 防爆管钳 1 把，600mm 防爆 F 形扳手 1 把，300mm 防爆活动扳手 1 把，200mm 防爆平口螺丝刀 1 把，发球筒专用摇把 1 把，钢卷尺 1 个，游标卡尺 1 个，计算器 1 台，清管器 2 个，5 号电池 10 节，通过指示仪 1 个，定位仪 1 个，称重器 1 台，发球杆 1 支，O 形密封圈 2 个，螺栓松动剂 1 瓶，便携式气体检测仪 1 部，对讲机 2 部，验漏瓶 1 个，油盆 1 个，8kg 灭火器 2 具，消防毛毡若干，棉纱、黄油若干，记录笔、本 1 套。

（3）操作人员要求：一人操作，一人监护。

（二）风险识别与消减措施

风险识别 1：设备带压操作引起机械伤害。

消减措施：打开发球筒快开盲板前，必须先对发球筒腔室内部放空泄压为零后再操作，严禁带压操作引起人员伤害。

风险识别 2：快开盲板飞出引起机械伤害。

消减措施：操作过程中，操作人员必须站立在快开盲板侧面，严禁正对快开盲板操作。

风险识别 3：天然气泄漏、刺漏引起火灾及中毒。

消减措施：发球过后必须进行验漏操作，防止天然气泄漏与刺漏引起火灾及中毒事故。

（三）技术要求

（1）清管作业过程中，必须确保发球筒所通过的管线阀门处于全开状态。

（2）发球前必须严格检测各项参数及信号发射、接收装置，发球时控制气体流速，保证清管器速度不大于 3m/s。

（3）放入清管器时喇叭口应正对气流方向，并将其送入发球筒大小头处。

（4）要定期检查发球筒快开盲板、防松楔块密封面是否磨损，O 形圈是否磨损。

（5）倒流程时必须通知作业区调控中心，开始记录相关参数（温度、流量、压力、发球时间）。

（四）标准操作规程

1．操作流程

发球筒发球操作流程见图 2-73。

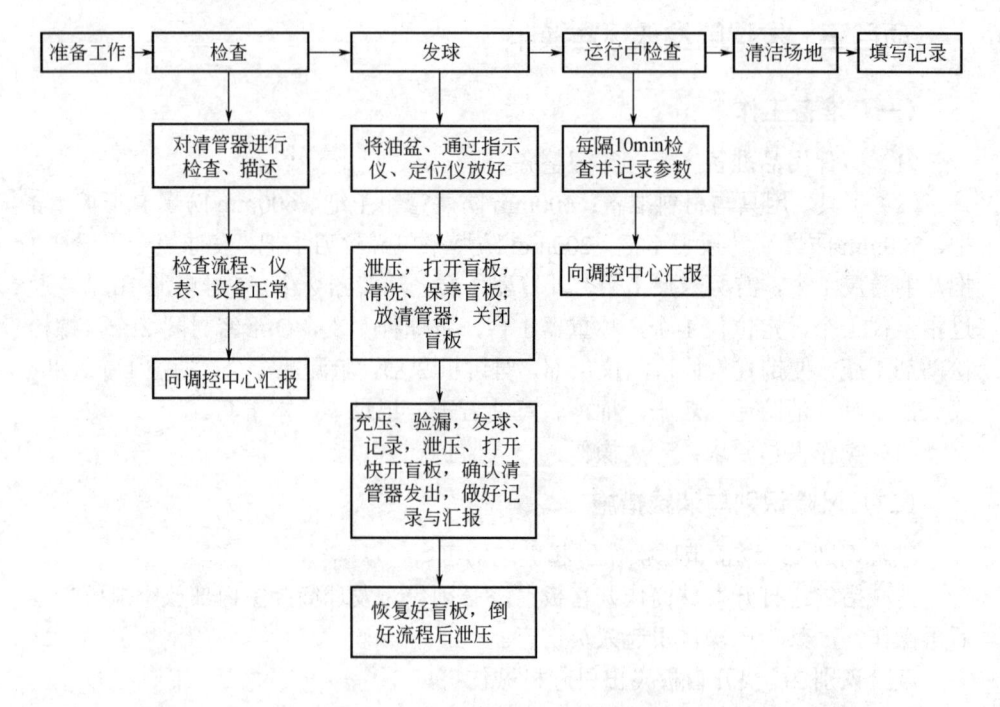

图 2-73　发球筒发球标准操作流程

2．操作过程

（1）检查。

① 用称重器对清管器称重，用钢卷尺测直径，用游标卡尺测量皮碗厚度，记录各测量值；装入电池，对清管器外观进行检查、描述（完好、无损伤）。

② 检查发球筒主进气阀、输气阀、干线放空阀、发球筒球阀、发球筒放空阀

开关灵活且处于关闭状态，压力表取压阀开关灵活且处于打开状态；检查压力表是否在有效使用期内，用落零法检查压力表指针灵活、无卡阻；检查发球筒快开盲板防松楔块销钉完好，快开盲板卡箍拉紧螺栓无裂纹，齿轮完好；检查发球筒输气阀、平衡阀处于关闭状态。

③ 通知作业区调控中心准备发球。

（2）发球。

① 将油盆放在快开盲板下方，将发球通过指示仪、定位仪放置在外输管线指定位置，并使其处于打开状态（图2-74）。

图2-74 发球操作示意图

② 缓慢打开发球筒放空阀，确认球筒压力为零，用防爆活动扳手卸下防松楔块压紧螺栓，拿下防松楔块，站在快开盲板侧面逆针时旋转齿轮，缓慢打开快开盲板，检查O形密封圈是否完好，检查球筒内有无污物，对盲板进行清洗、保养；装入密封圈。

③ 将清管器放入球筒（注意清管器放入方向），用发球杆将清管器送入发球筒大小头处，关闭快开盲板，站在快开盲板侧面顺时针旋转齿轮，用棉纱清洁防松楔块、涂抹黄油保养丝杆，装好防松楔块，上紧防松楔块压紧螺栓。

④ 关闭发球筒放空阀，打开发球筒平衡阀，缓慢打开发球筒进气阀，按20%、40%、60%、80%、100%进行充压、验漏，验漏合格后关闭发球筒进气阀（图2-75）。

⑤ 缓慢全开发球筒球阀，关闭平衡阀，缓慢打开发球筒进气阀，关闭主输气阀，发球，确认清管器发出，记录时间（图2-76）。

图2-75 关闭发球筒进气阀操作示意图

图2-76 关闭发球筒主输气阀操作示意图

⑥ 缓慢打开输气管主输气阀,关闭发球筒球阀,关闭发球筒进气阀,打开平衡阀,缓慢打开发球筒放空阀,泄压为零(图2-77)。

图2-77 打开发球筒放空阀操作示意图

⑦ 用防爆活动扳手卸下防松楔块压紧螺栓，拿下防松楔块，站在快开盲板侧面逆针时旋转齿轮，缓慢打开快开盲板，确认清管器发出，通知作业区调控中心球已发出及发球时间（图2-78）。

图2-78 打开盲板操作示意图

⑧ 对盲板进行清洗、保养，关闭快开盲板，站在快开盲板侧面顺时针旋转齿轮，装好防松楔块，上紧防松楔块压紧螺栓。

⑨ 关闭发球筒放空阀，缓慢打开发球筒进气阀充压，等压力平衡后关闭发球筒进气阀，验漏合格后，关闭平衡阀，缓慢打开放空阀放空，泄压为零后关闭放空阀。

（3）运行中检查。

每隔10min检查并记录一次外输压力、温度、瞬时流量、累计气量，随时与作业区调控中心保持联系。

（4）收拾工具、用具，清洁场地。

（5）填写清管发球记录。

项目四　收球筒收球标准操作

（一）准备工作

（1）劳保用品准备齐全、穿戴整齐。

（2）工具、用具与材料准备：600mm防爆管钳1把，600mm防爆F形扳手1把，300mm防爆活动扳手1把，200mm防爆平口螺丝刀1把，发球筒专用摇把1把，钢卷尺1个，游标卡尺1个，计算器1台，通过指示仪1个，定位仪1个，称重器1台，收球杆1支，O形密封圈2个，螺栓松动剂1瓶，便携式气体检测

129

仪 1 部, 对讲机 2 部, 验漏瓶 1 个, 油盆 1 个, 取样瓶 1 个, 8kg 灭火器 2 具, 注水胶管若干, 消防毛毡若干, 棉纱、黄油若干, 记录笔、本 1 套。

(3) 操作人员要求: 一人操作, 一人监护。

(二) 风险识别与消减措施

风险识别 1: 设备带压操作引起机械伤害。

消减措施: 打开收球筒快开盲板前, 必须先对收球筒腔室内部放空泄压为零后再操作, 严禁带压操作引起人员伤害。

风险识别 2: 快开盲板飞出引起机械伤害。

消减措施: 操作过程中, 操作人员必须站立在快开盲板侧面, 严禁正对快开盲板操作。

风险识别 3: 天然气泄漏、刺漏引起火灾及中毒。

消减措施: 收球前必须进行验漏操作, 防止天然气泄漏与刺漏引起火灾及中毒事故。

风险识别 4: 硫化亚铁粉末自燃引起火灾。

消减措施: 打开快开盲板前必须注水, 防止硫化亚铁粉末自燃。

(三) 技术要求

(1) 熟悉清管方案, 做好准备工作, 严格按照 HSE 有关规定进行作业, 提前对收球筒进行验漏, 球快到时提前倒通收球流程, 必须打开平衡阀, 进行收球。

(2) 清管作业过程中, 必须确保收球筒通过的管线阀门处于全开状态。

(3) 收球后必须严格检测各项参数。

(4) 球收到后必须及时通知作业区调控中心, 记录相关参数 (温度、流量、压力、收球时间)。

(5) 要定期检查收球筒快开盲板、防松楔块密封面是否磨损, O 形圈是否磨损。

(四) 标准操作规程

1. 操作流程

收球筒收球操作流程见图 2-79。

2. 操作过程

(1) 收球前检查。

① 确认收球筒球阀处于关闭状态, 盲板及收球筒进气阀、放空阀、排污阀处于关闭状态且开关灵活, 上游压力表正常, 外输球阀处于打开状态且开关灵活。

② 缓慢打开收球筒放空阀泄压, 确认球筒压力为零, 将排污盆放在盲板下面, 用防爆活动扳手卸下快开盲板压紧螺栓, 取下防松楔块, 站在快开盲板侧面打开

快开手柄，缓慢打开盲板，检查球筒内有无污物，对盲板进行清洗、保养，检查O形密封圈是否完好（图2-80）。

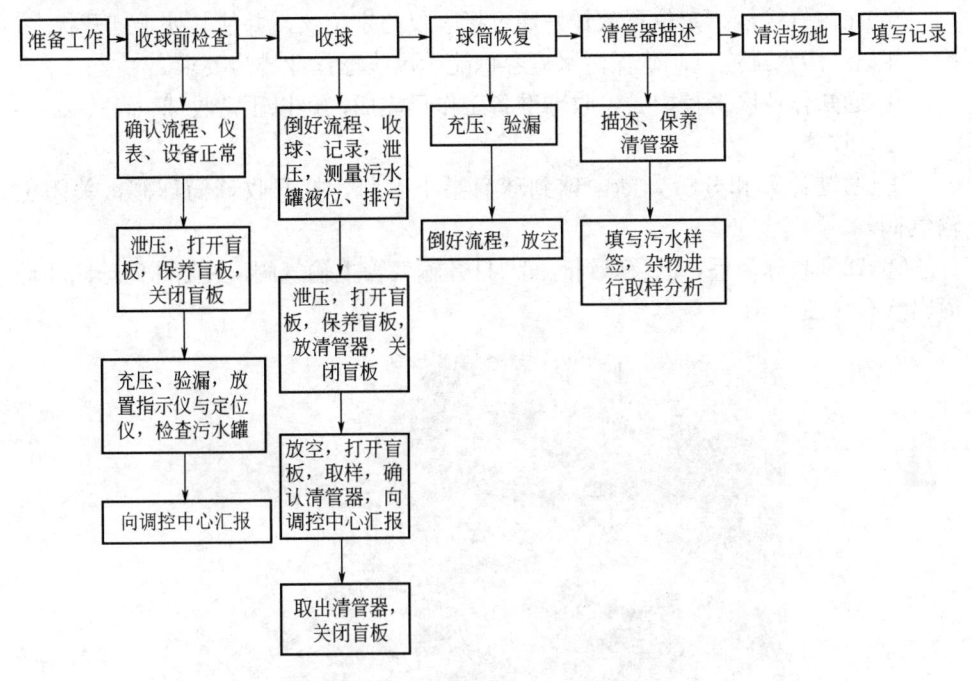

图2-79 收球筒收球标准操作流程

图2-80 打开收球筒放空阀泄压操作示意图

③ 关闭快开盲板，站在快开盲板侧面关闭快开手柄，装好防松楔块，上紧快开盲板压紧螺栓。

④ 关闭收球筒放空阀，缓慢打开收球筒进气阀，按20%、40%、60%、80%、100%进行充压、验漏，验漏合格后关闭收球筒进气阀。

⑤ 在来气管线指定位置放置好通过指示仪与定位仪，并使其处于打开状态，检查并记录污水罐液位，确保污水罐容积能满足收球作业排污要求。

⑥ 通知作业区调控中心，收球准备工作已完成，可以正常收球。

（2）收球。

① 通过计算和分析判断，球到球筒半小时前，打开收球筒球阀，关闭主输气阀。

② 球到收球筒后，记录球到时间，打开输气管主输气阀，关闭球筒球阀和球筒出气阀（图2-81）。

图2-81 关闭球筒球阀示意图

③ 缓慢打开收球筒放空阀进行泄压，待压力降至0.2~0.5MPa，关闭放空阀，测量污水罐液位并记录。

④ 缓慢打开收球筒排污阀排污，待压力为零时关闭收球筒排污阀，测量污水罐液位并记录（图2-82）。

图2-82 打开收球筒排污阀操作示意图

⑤ 打开收球筒放空阀。
⑥ 将油盆放在快开盲板下方，用防爆活动扳手卸下快开盲板压紧螺栓，取下防松楔块，站在快开盲板侧面，打开快开手柄，缓慢打开盲板，用取样瓶对污水取样，确认清管器已到，通知作业区调控中心球到时间。
⑦ 用收球杆取出清管器并清理污物，对盲板进行清洗、保养，关闭快开盲板，站在快开盲板侧面关闭快开手柄，装好防松楔块，上紧快开盲板压紧螺栓。
（3）球筒恢复。
关闭收球筒放空阀，缓慢打开收球筒进气阀充压、验漏，试压合格后关闭进气阀，缓慢打开放空阀，泄压为零后关闭放空阀。
（4）清管器描述。
① 对清管器进行描述，取出电池，保养清管器。
② 对清除杂物进行取样分析。
③ 填写污水取样时间、取样地点、取样人单位、取样人姓名。
（5）收拾工具、用具，清洁场地。
（6）填写清管收球记录。

第五节　站内其他设备及相关标准操作

项目一　站内紧急截断阀开关标准操作

一、准备工作

（1）劳保用品准备齐全、穿戴整齐。
（2）工具、用具与材料准备：200mm 防爆活动扳手 1 把，验漏瓶 1 个，棉纱适量，记录笔、记录本 1 套。
（3）操作人员要求：一人操作，一人监护。

二、风险识别与消减措施

风险识别：在进行手动与自动挡切换时，操作不当引起机械伤人。
消减措施：按操作规程操作，防止机械伤人。

三、技术要求

（1）当站内紧急停电时，UPS 在一段时间内可以持续向计算机、自控柜、截断阀等电仪设备供电。在此期间，应及时启动备用发电机进行供电，否则，在断

133

电时，截断阀将自动关闭。

（2）紧急气动截断阀平时应处于常开、自动状态，只作为突发事故情况下紧急截断气源使用。

（3）开井前应先将截断阀投运正常，平时禁止将截断阀作为开、关井使用。

（4）在单井放空解堵过程中，应先将进站闸阀关闭，然后将截断阀转换为手动后，再进行地面管线的放空解堵。

（5）每月对紧急截断阀系统进行一次开、关阀的测试，保证在紧急情况下截断阀能够正常使用。

四、标准操作规程

（一）操作流程

紧急截断阀开关操作流程见图 2-83。

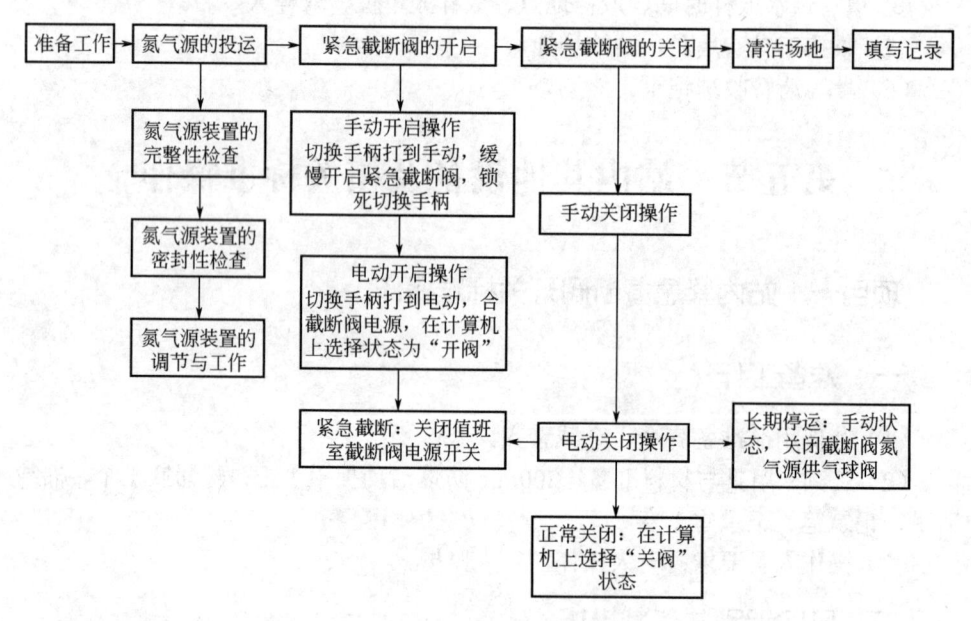

图 2-83　紧急截断阀开关操作流程

（二）操作过程

（1）氮气源的投运。

① 氮气源装置的完整性检查。

（a）关闭低压截止阀，将减压器的调节螺杆逆时针方向旋转到调节弹簧不受压为止。

（b）检查并确认氮气源装置各连接件紧固、无泄漏。
（c）依次打开气瓶阀，关闭支路截止阀，观察该支路高压表的示值，新气瓶中压力不得低于13MPa。
② 氮气源装置的密封性检查。
（a）关闭支路截止阀，将减压器的调节螺杆逆时针方向旋出一圈，如高压表读数减小，则说明高压部分漏气。
（b）如低压表读数减小，则说明低压部分漏气。
（c）如果高、低压表读数同时减小，则说明减压器阀座漏气。
③ 氮气源装置的调节与工作。
（a）关闭低压截止阀，依次打开供气气瓶阀、支路截止阀、高压截止阀。
（b）左右拧动减压阀器调节螺杆，观察低压表示值，使供气压力达到所需的工作压力（0.6MPa）。
（c）此时可打开低压截止阀，系统即可开始正常工作。
（2）站内紧急截断阀的开启。
① 手动开启操作。
（a）确认紧急截断阀已经关闭。
（b）将切换手柄打到手动位置。
（c）操作手动手轮，缓慢开启紧急截断阀。
（d）将切换手柄锁死，防止互换操作导致紧急截断阀自动关闭。
② 电动开启操作。
（a）确认紧急截断阀已经关闭，氮气源装置开启。
（b）将切换手柄打到电动位置。
（c）合上紧急截断阀电源开关，在值班室计算机上选择阀门状态为"开阀"，紧急截断阀便可自动开启，回讯器显示为"OPEN"状态。
（3）站内紧急截断阀的关闭。
① 手动关闭操作。
操作手动手轮，缓慢关闭紧急截断阀。
② 电动关闭操作。
（a）紧急截断：关闭值班室紧急截断阀电源开关，紧急截断阀便可自动关闭。
（b）正常关闭：在值班室计算机上选择阀门状态为"关阀"，截断阀关闭，回讯器显示为"CLOSE"状态。
③ 长期停运。
将截断阀从电动状态切换为手动状态，关闭截断阀氮气源供气球阀。
（4）收拾工具、用具，清洁现场。
（5）填写设备运转记录、生产运行报表。

项目二 更换安全阀标准操作

一、准备工作

（1）劳保用品准备齐全、穿戴整齐。

（2）工具、用具与材料准备：300mm 防爆活动扳手 1 把，250mm 防爆平口螺丝刀 1 把，22~24mm 防爆梅花扳手 1 把，22~24mm 防爆开口扳手 1 把，撬杠 1 根，600mm 防爆 F 形扳手 1 把，手钳 1 把，铅封钳 1 把，便携式气体检测仪 1 部，验漏瓶 1 个，校验合格的安全阀 1 个，金属缠绕垫片若干，铅封线、铅封若干，棉纱、黄油若干。

（3）操作人员要求：两人操作，一人监护。

二、风险识别与消减措施

风险识别 1：更换过程中天然气泄漏引起中毒及火灾事故。

消减措施：更换时要进行检测，操作时人员应站在上风口，更换后进行验漏，确保所换安全阀无泄漏。

风险识别 2：更换过程中机械伤人。

消减措施：更换过程中正确使用工具，做到"三不伤害"（不伤害自己，不伤害他人，不被他人伤害）。

风险识别 3：切换流程不当引起憋压刺漏。

消减措施：正确切换流程，操作时作业人员站在阀门或连接处的侧位进行操作。

三、技术要求

（1）根据压力等级、法兰结构和尺寸选择金属缠绕垫片。

（2）安全阀必须垂直安装，使用前必须确保阀体上下游安装连接的阀门处于全开或畅通状态。

（3）安装完成后，必须用防爆工具轻敲安全阀本体，以确保安全阀阀芯完全回坐并可靠密封。

（4）安全阀投用中，严禁私自调节安全阀的整定压力或提拉安全阀手柄。

（5）安全阀使用过程中若校验铭牌或铅封损坏、丢失或发生起跳，必须立即送检，重新检验。

（6）更换安全阀时站内禁止放空作业。

（7）安全阀必须按期送检，每年至少一次。

四、标准操作规程

(一) 操作流程

更换安全阀操作流程见图 2-84。

```
准备工作 → 更换前检查 → 更换操作 → 投用操作 → 清洁场地 → 填写记录
```

更换前检查：
- 安全阀本体铭牌、校验铭牌、铅封等齐全完好，安全阀在校验有效期内
- 拆除安全阀控制阀门铅封

更换操作：
- 拆安全阀铅封，关闭待更换安全阀控制阀门，松连接螺栓，验漏
- 将需要更换的安全阀拆下，验漏
- 安全阀进口法兰面上放置垫片，安全阀放置到连接处
- 穿法兰螺栓、装法兰跨接，放垫片于出口两法兰面之间
- 穿好其余螺栓，依次上紧安全阀对角螺栓

投用操作：
- 缓慢打开安全阀控制阀门
- 验漏，确认各连接部位严密不漏
- 用铅封封上安全阀控制阀门手轮

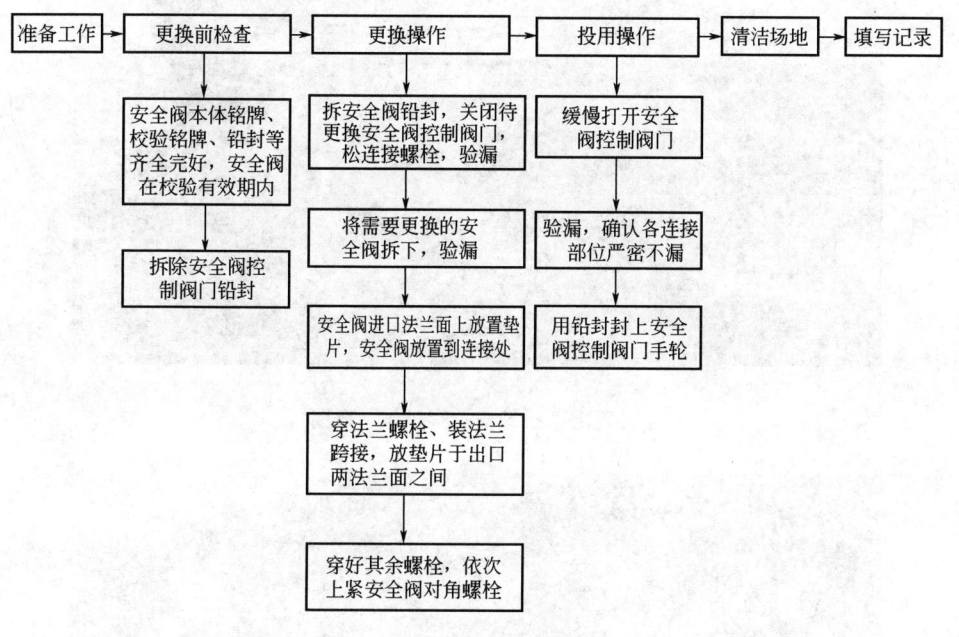

图 2-84　更换安全阀操作流程

(二) 操作过程

(1) 更换前的检查工作。

检查确认选定的安全阀本体铭牌、校验铭牌、铅封、阀体、密封面等附件是否齐全完好，安全阀是否在校验有效期内。

(2) 更换操作。

① 拆除安全阀控制阀门铅封，关闭安全阀控制阀门，卸松安全阀连接螺栓，用便携式气体检测仪进行检测，确认安全生产条件合格后，缓慢泄压为零（图 2-85）。

② 拆卸安全阀连接螺栓，取下上下游法兰跨接，取下安全阀阀体，用便携式气体检测仪进行检测，确认安全阀控制阀门无内漏。

③ 检查、清理进口法兰面，给金属缠绕垫片两面涂抹黄油，将金属缠绕垫片放入安全阀进口法兰面上；检查、清理出口法兰面，将校验合格的安全阀放置到

连接处，穿好安全阀进口法兰螺栓，装上上下游法兰跨接及安全阀出口底部两根螺栓，将金属缠绕垫片放入出口两法兰面之间，穿好其余螺栓（图2-86）。

图2-85　拆卸安全阀操作示意图

图2-86　清洁保养法兰面操作示意图

④ 对角紧固安全阀进出口法兰连接螺栓，安装完毕。
(3) 投用操作。
① 缓慢打开安全阀控制阀门。
② 用验漏瓶进行验漏，确认各连接部位严密不漏（图2-87）。
③ 用铅封钳在安全阀控制阀门手轮上打上铅封（图2-88）。

图 2-87 充压验漏操作示意图

图 2-88 打铅封操作示意图

（4）收拾工具、用具，清洁现场。
（5）填写安全阀更换记录。

项目三 集气站火炬点火标准操作

一、准备工作

（1）劳保用品准备齐全、穿戴整齐。
（2）工具、用具与材料准备：300mm防爆F形扳手1把，对讲机2部，35kg

139

灭火器 1 具，记录笔、本 1 套。

（3）操作人员要求：一人操作，一人监护。

二、风险识别与消减措施

风险识别：放空时，未缓慢开关阀门，气液冲出，导致环境污染。

消减措施：放空时，操作阀门的动作应平稳、缓慢。

三、技术要求

（1）确认火炬流程正确。

（2）五级大风以上严禁点火作业。

（3）放空时人要站在上风口，操作要平稳、缓慢。

（4）点火时遵循"先点火，后送气"的原则进行操作。

四、标准操作规程

（一）操作流程

集气站火炬点火标准操作流程见图 2-89。

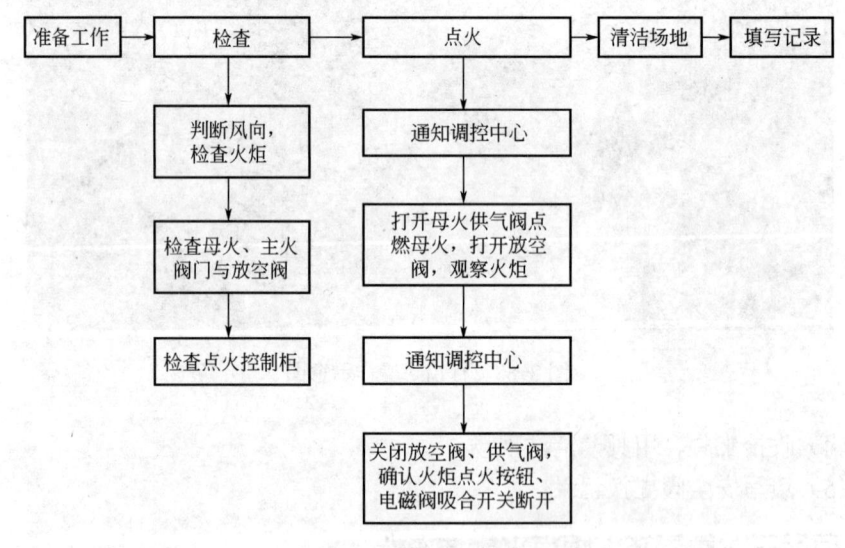

图 2-89 集气站火炬点火标准操作流程

（二）操作过程

（1）检查。

① 判断风向，确认火炬周围无人员、牲畜、易燃物。

② 确认火炬母火、主火阀门处于关闭状态且无内漏，检查放空阀开关灵活。
③ 确认远程点火控制柜电源指示灯显示正常。
（2）点火。
① 通知作业区调控中心准备点火。
② 按下火炬"点火"按钮，打开火炬母火供气阀，点燃母火，缓慢打开放空阀，观察火炬（图2-90）。

图2-90 打开放空阀操作示意图

③ 通知作业区调控中心，火已点燃。
④ 主火点燃后，关闭放空阀，关闭火炬母火供气阀门，确认火炬点火按钮、电磁阀吸合开关断开（图2-91）。

图2-91 关闭供气阀门操作示意图

（3）收拾工具、用具，清洁场地。
（4）填写火炬放空记录。

项目四　清洗呼吸阀标准操作

一、准备工作

（1）劳保用品准备齐全、穿戴整齐。

（2）工具、用具与材料准备：250mm 防爆活动扳手 1 把，150mm 防爆十字螺丝刀 1 把，150mm 防爆平口螺丝刀 1 把，护目镜 2 副，安全带 1 副，工具包 1 个，毛刷 1 把，油盆 1 个，棉纱、清洗液若干，记录笔、本 1 套。

（3）操作人员要求：一人操作，一人监护。

二、风险识别与消减措施

风险识别 1：当心高空坠落。

消减措施：拆装呼吸阀时在高处系好安全带，高挂抵用（图 2-92）。

图 2-92　高空操作示意图

风险识别 2：当心中毒。

消减措施：拆装呼吸阀时站在上风口，并佩戴护目镜（图 2-93）。

三、技术要求

（1）定期检查呼吸阀出口，防止堵塞。

（2）清洗呼吸阀时禁止站内一切排污操作。

图 2-93　拆卸呼吸阀操作示意图

四、标准操作规程

（一）操作流程

清洗呼吸阀标准操作流程见图 2-94。

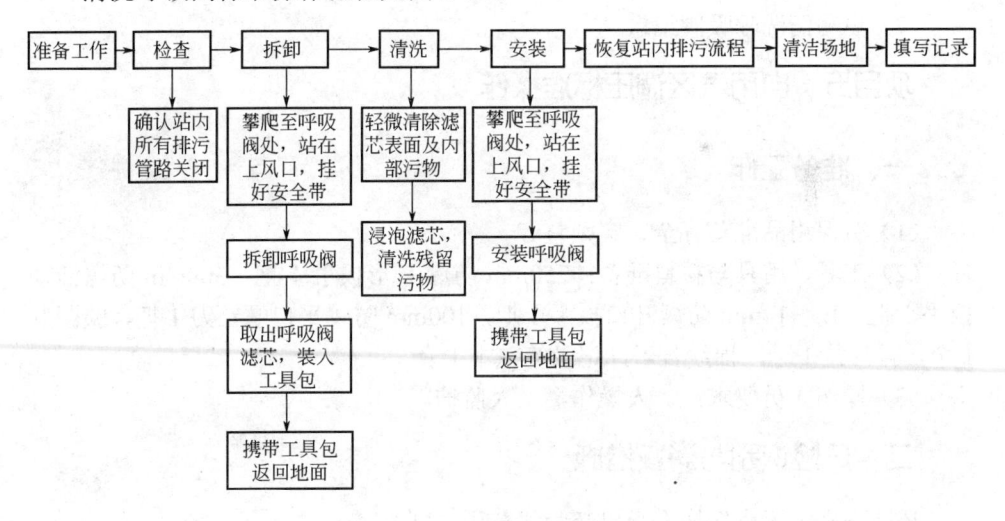

图 2-94　清洗呼吸阀标准操作流程

（二）操作过程

（1）检查。
确认站内所有排污管路关闭。

（2）拆卸。

① 佩戴安全带，将随身携带的工具装在工具包内，攀爬至呼吸阀操作平台，观察风向，站在上风口，挂好安全带。

② 确认无漏气后，拆卸呼吸阀顶帽固定螺钉，收集固定螺钉。

③ 取出呼吸阀滤芯，装入工具包。

④ 摘下安全带，携带工具包返回地面。

（3）清洗。

① 轻微拍击滤芯，清除滤芯表面及内部污物。

② 用清洗液浸泡滤芯 15min 左右。

③ 用毛刷清除滤芯上残留污物，并清洗干净。

（4）安装。

① 携带工具及滤芯攀爬至呼吸阀操作平台，观察风向，站在上风口，挂好安全带。

② 安装滤芯并对角拧紧顶帽固定螺钉。

③ 摘下安全带，携带工具包返回地面，取下安全带。

（5）恢复站内排污流程。

（6）收拾工具、用具，清洁场地。

（7）填写清洗呼吸阀记录。

项目五 自用气区调压标准操作

一、准备工作

（1）劳保用品准备齐全、穿戴整齐。

（2）工具、用具与材料准备：250mm 防爆 F 形扳手 1 把，300mm 防爆活动扳手 1 把，12～14mm 防爆开口扳手 1 把，100mm 防爆平口螺丝刀 1 把，验漏瓶 1 个，排污盆 1 个，棉纱若干，记录笔、本 1 套。

（3）操作人员要求：一人操作，一人监护。

二、风险识别与消减措施

风险识别：流程切换不当引起管线憋压、刺漏。

消减措施：切换流程要正确，操作时站在阀门侧位进行操作（图 2-95）。

三、技术要求

操作需缓慢、平稳，调至合适的压力范围。

图 2-95 泄压操作示意图

四、标准操作规程

(一) 操作流程

自用气区调压标准操作流程见图 2-96。

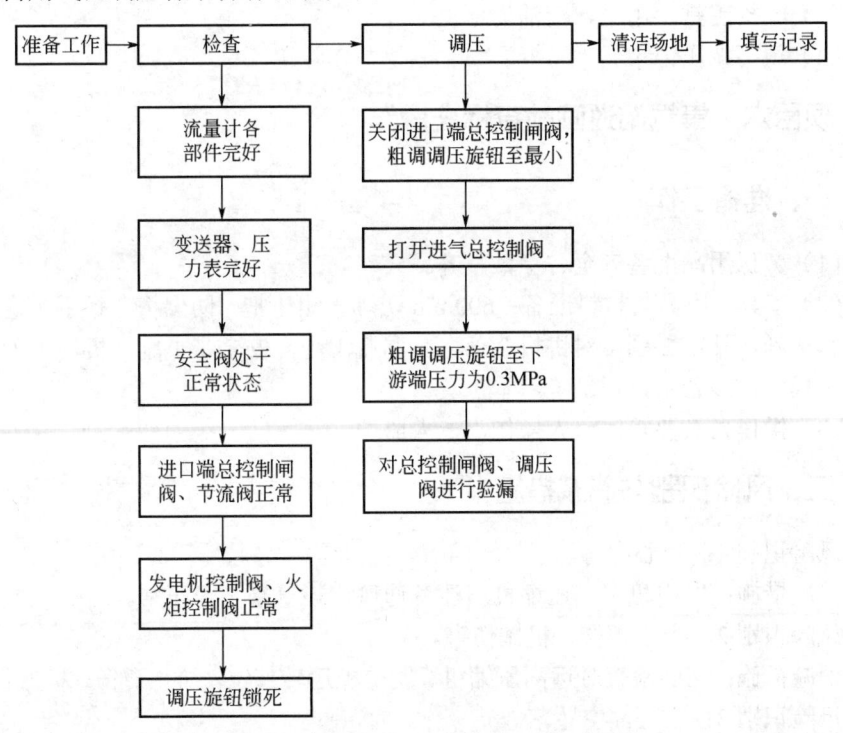

图 2-96 自用气区调压标准操作流程

(二)操作过程

（1）检查。

① 检查自用气区流量计在有效使用期内，各部件连接完好。

② 检查自用气区压力变送器、压力表在有效使用期内，落零、铅封完好且处于正常状态。

③ 检查安全阀铭牌、铅封完好，确认安全阀处于正常状态。

④ 确认自用气区进口端总控制闸阀处于打开状态，旁通路节流阀处于关闭状态。

⑤ 确认自用气区去发电机控制阀处于打开状态、放空火炬控制阀处于关闭状态。

⑥ 确认调压阀调压旋钮锁死。

（2）调压。

① 关闭自用气区进口端总控制闸阀，拆掉调压阀调压旋钮顶帽，逆时针粗调调压旋钮至最小。

② 缓慢打开自用气区进气总控制闸阀。

③ 顺时针缓慢旋转调压阀，粗调调压旋钮至下游端压力为 0.3MPa。

④ 对自用气区进气总控制闸阀、调压阀进行验漏，确保无渗漏。

（3）收拾工具、用具，清洁场地。

（4）填写调压记录。

项目六　集气站巡回检查标准操作

一、准备工作

（1）劳保用品准备齐全、穿戴整齐。

（2）工具、用具与材料准备：600mm 防爆管钳 1 把，防爆梅花扳手 1 套，橡胶手套 2 副，耳塞 2 副，对讲机 2 部，验漏瓶 1 个，安全带 1 副，机油 1 桶，防冻液 1 桶，棉纱若干，记录笔、本 1 套。

（3）操作人员要求：一人操作，一人监护。

二、风险识别与消减措施

风险识别 1：当心中毒。

消减措施：发电机房、压缩机房注意通风，换气扇工作正常。

风险识别 2：当心烫伤、机械伤害。

消减措施：巡回检查时远离压缩机、发电机运转部位，防止烫伤、机械伤害。

风险识别 3：当心高空坠落。

消减措施：检查呼吸阀时要遵循"高挂低用"原则悬挂安全带。

风险识别 4：当心噪声伤害。
消减措施：巡回检查压缩机、发电机时要佩戴耳塞。
风险识别 5：当心触电。
消减措施：检查配电室、配电柜、配电箱时要佩戴绝缘手套。

三、技术要求

（1）检查动设备无跑、冒、滴、漏现象。
（2）检查配电室、发电机房、油品库房、进站区、分离器区、压缩机、外输自用气区、闪蒸罐区、污水罐区等设施的安全部件、仪表是否正常，防止发生意外事故。
（3）可燃气体检测仪正常。
（4）安全、消防设施齐全完好，安全警示牌悬挂完好。

四、标准操作规程

（一）操作流程

集气站巡回检查标准操作流程见图 2-97。

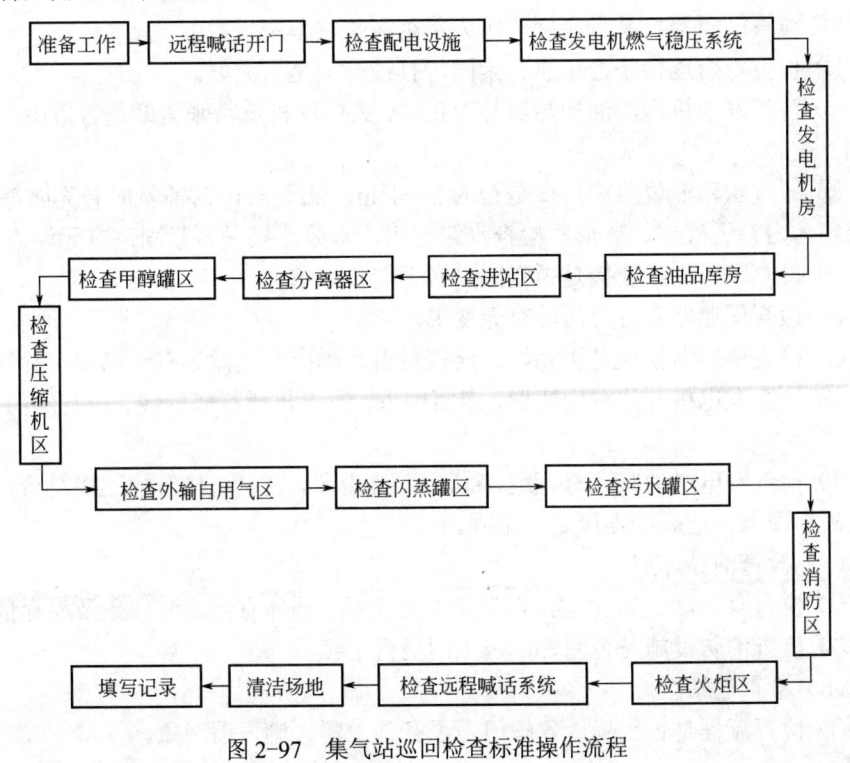

图 2-97 集气站巡回检查标准操作流程

（二）操作过程

（1）远程喊话开门。

巡站人员乘车抵达集气站，按下可视门铃，向作业区调控中心汇报进站信息，作业区调控中心确认人员身份后，进行登记，远程操作开门，巡检人员进站后触摸静电释放装置，消除静电。

（2）检查配电设施。

检查配电室设备运行情况，检查供电电源各项参数工作情况，检查室内外门、窗有无异常情况，检查消防设施完好情况。

（3）检查发电机燃气稳压系统。

① 打开发电机燃气稳压柜。

② 检查燃料气阀调压阀上、下游压力是否为正常值。

③ 检查燃料分离器、过滤气罐体是否完好，安全阀是否在有效期内，各部件连接是否紧固。

（4）检查发电机房。

① 打开窗户进行通风，检查换气扇运转是否正常。

② 打开发电机控制柜电源开关，检查各项参数是否正常。

③ 检查消防器材是否完好，压力是否在正常范围以内。

④ 检查电瓶连接是否牢靠、紧固，打锁开关是否完好。

⑤ 检查发电机润滑油加热器是否正常，大电动机皮带张紧度是否适中，有无毛刺、破碎。

⑥ 检查水箱液位距观察口是否为2～4cm，低于4cm时需及时补充防冻液，水箱箱体内有无破损、变形，检查水箱总闸、水泵连接是否紧固，有无漏点。

⑦ 检查高压火线连接是否紧固，有无老化现象。

⑧ 检查调速器是否灵活，有无变形。

⑨ 检查传感器模块是否完好，连接是否紧固；空气滤芯有无堵塞、异物。

⑩ 检查发电机叶片有无变形、卡阻现象；发电机燃料气管线、控制阀门是否完好。

⑪ 检查发电机油底壳有无跑、冒、滴、漏现象，发电机排气桶连接是否紧固，有无破损现象，连底线连接是否牢固。

（5）检查油品库房。

① 检查有无烟、火，机油、防冻液是否变质，桶体有无渗漏现象及库存情况。

② 检查消防设施是否完好，逃生门是否上锁。

（6）检查进站区。

① 检查流程是否正确，各阀门是否有跑、冒、滴、漏现象。

② 检查电动球阀、远程控机状态是否正常。
③ 检查接地线是否紧固可靠。
④ 检查电伴热是否正常。
⑤ 检查各干管压力变送器、压力表是否正常。
⑥ 检查压力表是否归零。
⑦ 检查可燃气体检测仪是否正常。
⑧ 检查配电箱、各开关是否正常。

（7）检查分离器区。
① 检查分离器进口阀门、放空阀门、电动球阀是否正常，安全阀连接线、接地线是否正常。
② 检查压力变送器连接线是否正常，有无跑、冒、滴、漏现象。
③ 检查各分离器电伴热、自动排污球阀是否正常；疏水阀压力表显示是否正常，是否归零；排污阀开关是否灵活，排污阀是否处于关闭状态；电动阀、排污阀、旁通阀是否处于正常状态，排污总阀是否处于全开状态。
④ 检查分离器上腔室控机阀液流计、下腔室控机阀、电伴热是否正常；分离器上下腔取压阀是否处于正常状态。
⑤ 检查分离器出口压力表显示是否正常,清管阀门上游压力表显示是否正常且是否为零，压力变送器显示是否正常且是否处于关闭状态。
⑥ 检查外输电动球阀是否处于正常状态，接地线连接是否紧固。
⑦ 检查分离器螺道旋塞阀是否处于正常状态，分离器排污阀是否处于关闭状态。
⑧ 检查人孔螺栓是否紧固，有无跑冒滴漏现象，固定螺栓、接地线连接是否紧固。
⑨ 检查可燃气体检测仪显示是否正常，连接是否紧固。
⑩ 检查放空阀是否处于打开状态，连接是否紧固；安全阀铅封、铭牌是否完好，连接是否紧固；放空旋塞阀是否处于打开状态，铅封是否完好。

（8）检查甲醇罐区。
① 检查注醇泵控制箱按钮是否完好，电源开关是否灵活。
② 检查注醇泵电动机防护罩是否完好，电源线连接是否紧固。
③ 检查注醇泵油视镜油位是否在正常范围内，行程开关是否灵活，液压软管连接是否紧固。
④ 检查压力表是否归零，安全阀是否在有效使用期内且铅封是否完好，液位计液位是否正常、法兰电位差连接线及接地线是否紧固。
⑤ 注醇罐呼吸阀是否完好且是否处于正常状态。

（9）检查压缩机区。

① 检查控制柜各项参数是否显示正常，开关按钮是否处于正常状态。

② 检查高位油箱油位是否在 1/2～2/3 之间；机组使用时，检查曲轴箱油视镜机油是否在绿线范围内。

③ 检查进气阀温度是否不大于 120℃。

④ 检查启动气阀门是否处于关闭状态。

⑤ 观察燃料气分离器液位是否正常。

⑥ 检查启动气分离器液位是否正常，安全附件是否完好，阀门是否处于正常状态，电伴热工作是否正常。

⑦ 检查 U 形差压计差值是否在 25mm 范围内。

⑧ 检查液压油液位是否正常。

⑨ 检查换冷器防冻液液位是否正常，百叶窗是否正常打开，空冷器管束是否清洁完好。

⑩ 检查压缩机安全阀、耐震压力表、液位计、温度传感器、压力变送器是否在有效使用期内，各数据显示是否正常。

⑪ 检查外输电动球阀是否处于正常状态，电动加载阀、放空电动球阀是否处于关闭状态。

⑫ 检查可燃气体检测仪是否完好。

⑬ 检查设备有无跑、冒、滴、漏现象。

⑭ 检查接地装置是否完好，连接是否紧固。

（10）检查外输自用气区。

① 检查外输闸阀是否处于关闭状态，压力表显示是否正常且是否处于零位，发球阀是否处于关闭状态，连接是否紧固完好。

② 检查外输球阀是否处于关闭状态，压力表显示是否正常，放空旋塞阀是否处于关闭状态，外输紧急截断阀是否处于关闭状态。

③ 检查外输区可燃气体检测仪是否处于正常状态，放空阀是否处于关闭状态。

④ 检查外输区球阀、闸阀流量计显示是否正常、连接是否紧固，并向作业区调控中心汇报。

⑤ 检查外输区管路阀门丝杆是否清洁、有无渗漏。

⑥ 检查自用气区压力表显示是否正常，调压阀是否灵活好用。

⑦ 检查流量计压力变送器接地线连接是否紧固,压力表和二级调压阀是否正常，闸阀开关是否灵活，电伴热、电磁阀是否正常。

⑧ 检查氮气装置开关是否灵活且是否处于正常状态。

⑨ 检查自用气区流量计各项参数显示是否正常并做好记录，与作业区调控中心核对数据。

⑩ 检查排污阀是否正常并排污；检查安全阀是否在有效使用期内，铭牌铅封是否完好，且是否处于打开状态；检查电伴热是否正常。

⑪ 检查自用气区针阀开关是否灵活，有无渗漏现象。

（11）检查闪蒸罐区。

① 观察放空火炬、风向标，检查接地线是否紧固，排污阀是否处于关闭状态。

② 检查安全阀、可燃气体检测仪是否完好，排污总阀是否处于关闭状态，电伴热是否正常、有无老化现象。

③ 检查排污旁通阀是否处于关闭状态，接地线是否紧固，排污阀是否处于打开状态。

④ 检查疏水阀连接是否紧固，压力表显示是否正常，疏水阀下游闸阀是否处于打开状态，排污自动球阀是否处于打开状态。

⑤ 检查放空管线去火炬处压力表显示是否正常且是否为零。

⑥ 检查液位计连接是否紧固，接地是否正常，数据显示是否正常。

（12）检查污水罐区。

① 检查1号、2号蝶阀是否处于打开状态。

② 检查2号污水罐液位计连接是否紧固，数据显示是否正常，并与作业区调控中心核对数据。

③ 检查1号污水罐液位计连接是否紧固，数据显示是否正常，并与作业区调控中心核对数据。

④ 检查可燃气体检测仪连接是否紧固，显示是否正常。

⑤ 检查污水罐呼吸阀、呼吸阀电伴热及接地是否完好。

⑥ 检查污水装车控制阀是否处于正常状态，电伴热、接地是否正常；检查污水罐出口闸阀是否处于打开状态、铅封是否完好。

⑦ 检查逃生门门锁是否完好。

（13）检查消防区。

① 消防设施检查：打开消防亭门，检查消防毛毡、消防毯、消防斧、消防锹、消防钩、消防桶等设施是否齐全完好；检查灭火器是否齐全，且是否在正常使用范围内。

② 确认红外报警正常，每天离站时必须对红外报警传感器进行检查，用物体对场站四周围墙上的红外报警传感器进行遮挡，监控中心应有自动报警，对不能正常报警的需及时上报维修。

③ 按下"远程控制"按钮，打开大门，检查该设施是否完好。
④ 检查喇叭是否出声以及声音大小情况，出现异常需立即上报进行维修。
⑤ 检查安防设施是否正常、完好。

（14）检查火炬区。

检查火炬区护栏是否完好，绷绳连接是否紧固，火炬四周有无污染。

（15）检查远程喊话系统。

检查喇叭声音是否正常，集气站大门开关是否正常，并向作业区调控中心汇报巡站完成，确认集气站大门锁好后方可离开。

（16）收拾工具、用具，清洁场地。

（17）填写工作记录

填写巡站记录，确认各项检查全部完成，填写离站记录。

项目七 集气站越站生产标准操作

一、准备工作

（1）劳保用品准备齐全、穿戴整齐。

（2）工具、用具与材料准备：600mm 防爆管钳，防爆 F 形扳手，4 组对讲机，验漏瓶，棉纱，记录本，记录笔。

（3）操作人员要求：一人操作，一人监护。

二、风险识别与消减措施

风险识别 1：当心刺漏。
消减措施：站在阀门的侧位进行操作。
风险识别 2：当心中毒。
消减措施：佩戴耳塞及护目镜后，站在上风口进行放空操作。

三、技术要求

（1）闸阀操作需缓慢、平稳，全开或全关。
（2）检验阀门泄漏包括内漏和外漏。

四、标准操作规程

（一）操作流程

集气站越站生产标准操作流程见图 2-98。

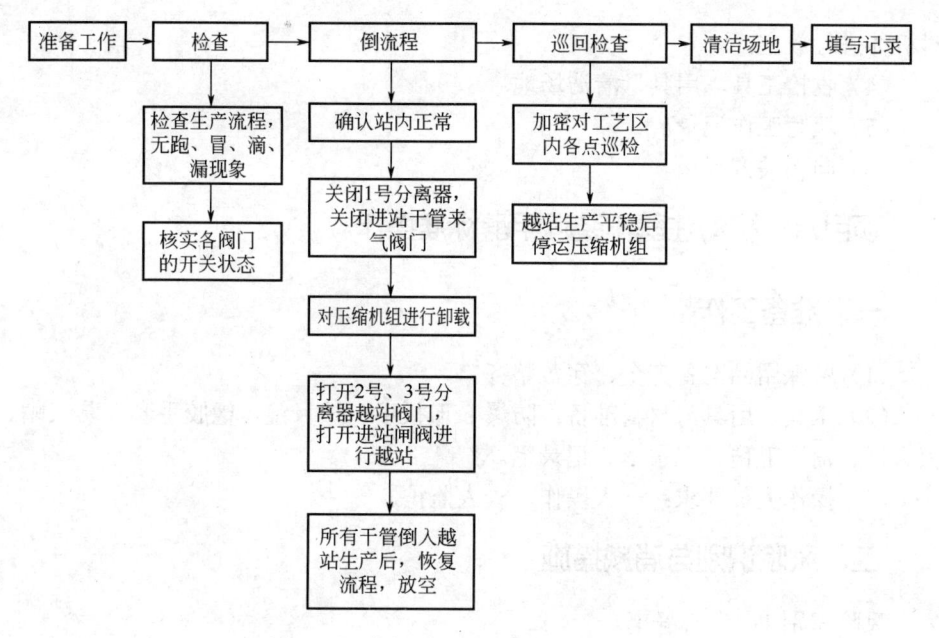

图 2-98 集气站越站生产标准操作流程

（二）操作过程

（1）检查。

对生产流程进行全面检查，确认无跑、冒、滴、漏现象，核实各阀门的开关状态。

（2）倒流程。

① 确认进站区、压缩机区、值班室、二站来气及 1 号、2 号、3 号分离器人员到位情况，通信是否正常。

② 关闭 1 号分离器进口阀门，并告知场站各关注点人员。

③ 进站区人员关闭进站干管来气阀门；压缩机区人员密切关注进气压力，当压力降至 0.3MPa，对压缩机组进行卸载，让机组空载运行。

④ 打开 2 号、3 号分离器越站阀门，当进站干管压力高于外输压力时，打开进站闸阀进行越站。

⑤ 当所有干管倒入越站生产后，立即关闭压缩机出口管线进 2 号、3 号分离器阀门；打开 1 号、4 号分离器放空阀，将 1 号、4 号分离器内压力泄至 0，关闭放空阀。

（3）巡回检查。

① 员工加密对工艺区内各点巡检，确认无跑、冒、滴、漏现象。

② 检查合格且越站生产平稳后，停运压缩机组（按压缩机启停标准操作），

对机体进行放空。

（4）收拾工具、用具，清洁场地。

（5）填写工作记录。

（6）向相关方汇报。

项目八　移动注醇车装运甲醇标准操作

一、准备工作

（1）劳保用品准备齐全、穿戴整齐。

（2）工具、用具与材料准备：防爆F形扳手、护目镜、橡胶手套、防火帽、灭火器、消防毛毡、记录本、记录笔。

（3）操作人员要求：一人操作，一人监护。

二、风险识别与消减措施

风险识别1：当心静电。

消减措施：检查车体与罐体的接地接触良好。

风险识别2：当心中毒。

消减措施：甲醇装运时，切记戴好护目镜及橡胶手套。

三、技术要求

加甲醇时注意罐内液位变化，随时停泵，防止溢罐。

四、标准操作规程

（一）操作流程

移动注醇车装运甲醇标准操作流程见图2-99。

（二）操作过程

（1）检查。

① 检查护目镜和橡胶手套是否完好。

② 测量移动注醇车甲醇罐液位，并确定甲醇需要量。

③ 进站前必须检查移动注醇车防火帽安装完好，并做好进站登记。

④ 检查连接好甲醇罐车的接地线，确保接触良好。

⑤ 检查胶管与甲醇罐出口连接是否严密、牢固。

（2）操作。

① 打开移动注醇车甲醇罐罐口，将胶管插入罐内50cm，固定移动注醇车罐

口胶管。

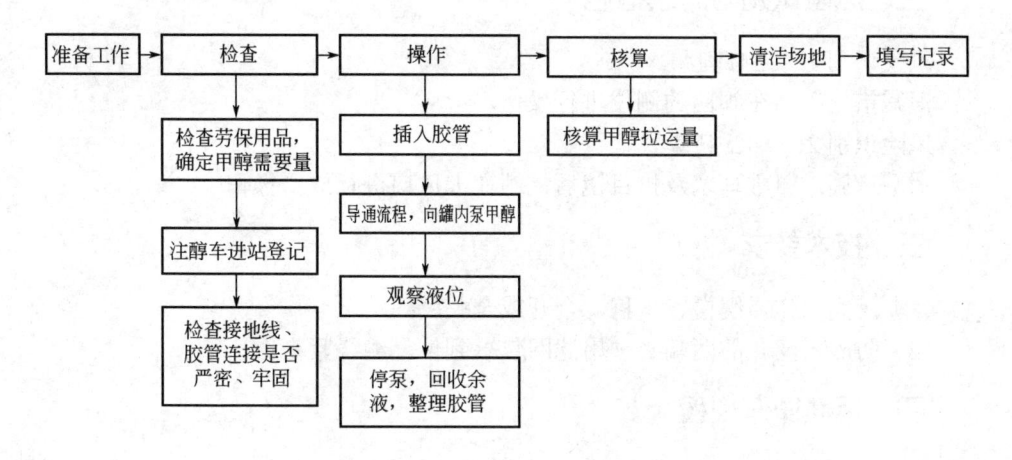

图 2-99 移动注醇车装运甲醇标准操作流程

② 打开甲醇罐出口阀门，导通流程，启动磁力驱动泵向罐内泵甲醇。
③ 观察甲醇罐液位上升情况。
④ 当移动注醇车甲醇罐液位达到极限区域时，停泵、关闭甲醇罐出口阀门。
⑤ 回收余液，整理胶管。
（3）核算。
① 站内人员记录拉运前甲醇罐液位。
② 甲醇拉运完后，核实甲醇罐液位，换算拉运量，填写相关验收记录。
（4）收拾工具、用具，清洁场地。
（5）填写工作记录。
（6）向相关方汇报。

项目九　气井防砂器检查清理标准操作

一、准备工作

（1）劳保用品准备齐全、穿戴整齐。
（2）工具、用具与材料准备：900mm 防爆管钳、375mm 防爆活动扳手、钢丝刷、生料带、棉纱、护目镜、耳塞、验漏瓶、14 号铁丝、滤网、手钳、清洗盆、记录本、记录笔。
（3）操作人员要求：一人操作，一人监护。

二、风险识别与消减措施

风险识别 1：当心刺漏。
消减措施：站在阀门的侧位进行操作。
风险识别 2：当心中毒。
消减措施：佩戴耳塞及护目镜后，站在上风口进行放空操作。

三、技术要求

（1）闸阀操作需缓慢、平稳，全开或全关。
（2）防砂器滤芯的两端必须用滤网包裹到位，缠绕紧密。

四、标准操作规程

（一）操作流程

气井防砂器检查清理标准操作流程见图 2-100。

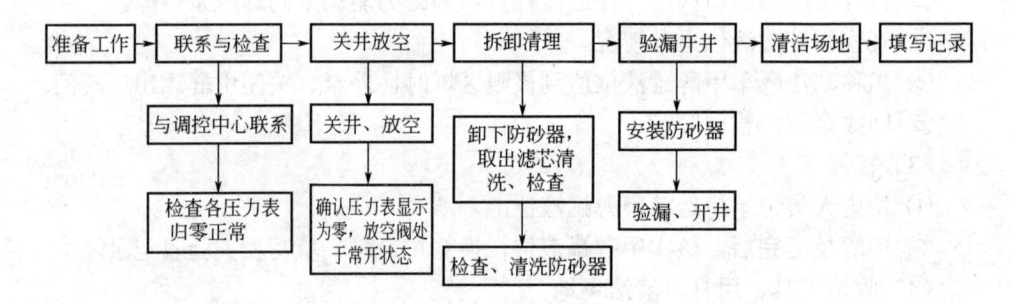

图 2-100　气井防砂器检查清理标准操作

（二）操作过程

（1）检查各压力表归零正常。
（2）关井放空。
① 按照三相分离器井关井标准操作进行关井，关闭 4 号阀和三相分离器针阀，打开 7 号阀放空。
② 确认防砂器前后管段压力表显示为零，7 号放空阀处于常开状态。
（3）拆卸清理。
① 卸下防砂器上、下堵头，取出滤芯，用清水冲洗滤网上的砂粒，检查滤网和滤芯完好情况，如有破损需进行更换。

② 检查防砂器上、下腔室是否有砂粒沉积，如有则用清砂工具清理干净，对防砂器砂量进行计算并拍照。

（4）验漏开井。

① 防砂器安装完成后，对防砂器盲板堵头进行验漏，验漏合格后，巡井人员按照三相分离器井开井标准操作流程开井。

（5）收拾工具、用具，清洁现场。

（6）填写工作记录。

（7）向相关方汇报。

第三章 仪表与数字化设备标准操作

项目一 气井数据远传设备维护标准操作

一、准备工作

（1）劳保用品准备齐全、穿戴整齐。

（2）工具、用具与材料准备：万用表1块，对讲机1套，防爆活动扳手1套，安全带1副，活动短梯1个，记录本、笔1套。

（3）操作人员要求：一人操作，一人监护。

二、风险识别与消减措施

风险识别：高空作业出现高处坠落。

消减措施：作业时站在梯子上要挂好安全带。

三、技术要求

（1）使用万用表要严格按照仪表使用说明进行。

（2）操作过程中要注意与集气站随时保持联系，以防沟通不到位损坏设备、仪表。

四、标准操作规程

（一）操作流程

气井数据远传设备维护标准操作流程见图3-1。

准备工作 → 集气站关闭远传电源 → 检查远传线路并维修 → 检查流量计、压力变送器接口防爆胶泥完好程度并补充 → 清理接线柜 → 检查太阳能板并清洁 → 合上数据远传电源 → 清洁场地 → 填写记录

图3-1 气井数据远传设备维护标准操作流程

（二）操作过程

（1）通知集气站关闭数据远传电源。
（2）检查数据远传有无明显的损伤线路，并进行现场维修。
（3）检查流量计、压力变送器的接口防爆胶泥完好程度，并进行补充。
（4）拆开数据远传接线柜进行清理。
（5）检查太阳能板并进行表面清洁。
（6）检查维护完成后，合上数据远传电源。
（7）询问集气站数据录取情况，待正确无误后，收拾工具、用具，清理现场，方可离开。
（8）填写维护记录。

项目二　温度变送器检查标准操作

一、准备工作

（1）劳保用品准备齐全、穿戴整齐。
（2）工具、用具与材料准备：300mm防爆活动扳手1把，FLUKE17B 1部，对讲机2部，验漏瓶1个，毛刷子1把，细砂纸1张，标签纸、棉纱、绝缘胶布若干，记录笔、本1套。
（3）操作人员要求：一人操作，一人监护。

二、风险识别与消减措施

风险识别：当心触电。
消减措施：先验电或断电后再操作。

三、技术要求

先断电，再开盖进行检查操作。

四、标准操作规程

（一）操作流程

温度变送器检查标准操作流程见图3-2。

（二）操作过程

（1）检查。
① 确认外输区工艺状况完好。

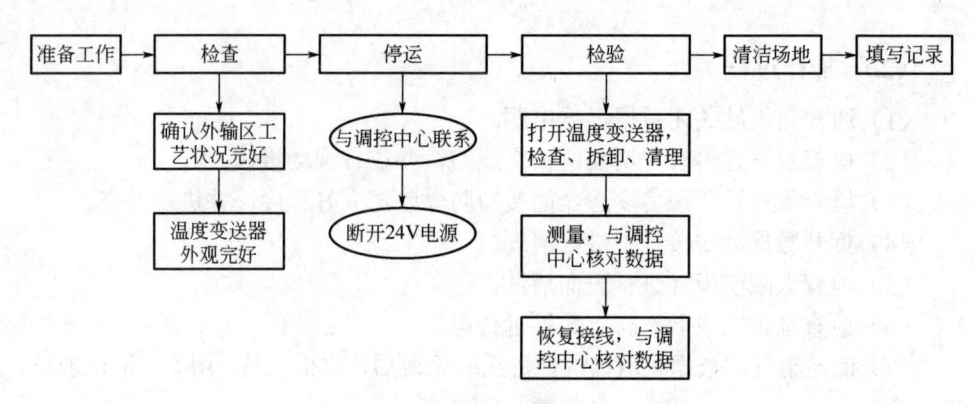

```
准备工作 → 检查 → 停运 → 检验 → 清洁场地 → 填写记录
          ↓      ↓      ↓
       确认外输区工  与调控中心联系  打开温度变送器，
       艺状况完好              检查、拆卸、清理
          ↓      ↓      ↓
       温度变送器   断开24V电源   测量，与调控
       外观完好              中心核对数据
                          ↓
                       恢复接线，与调
                       控中心核对数据
```

图 3-2　温度变送器检查标准操作流程

② 确认温度变送器外观完好，活接头处无渗漏现象；温度变送器保护管完好、线路正常。

（2）停运。

通知作业区调控中心，对温度变送器进行检查，断开 24V 电源。

（3）检验。

① 打开温度变送器后盖，检查电极无短路或断路，用毛刷清洁温度变送器，拆下各个传输线做好绝缘保护，并做好标记，用细砂纸清理接线端子，确保无锈蚀。

② 使用 FLUKE754 进行测量，并与作业区调控中心核对数据。

③ 检测合格后，按正负极对应恢复接线，确保接线无松动，通知作业区调控中心，接通 24V 电源，观察生产参数并与作业区调控中心进行核对，误差在变送器精度范围内。

（4）收拾工具、用具，清洁场地。

（5）填写温度变送器检查记录。

项目三　压力变送器启停标准操作

压力变送器是一种将压力变量转换为可传送的标准输出信号的仪表，而且输出信号与压力变量之间有一定的连续函数关系（通常为线性函数），主要用于工业过程压力参数的测量和控制。

差压变送器是压力变送器的一种，常用于流体流量及物位的测量。

压力变送器通常由感压单元、信号处理和转换单元组成。有些变送器增加了显示单元，还有些具有现场总线功能。压力变送器的组成如图 3-3 所示，图 3-4 所示是压力变送器的结构图。

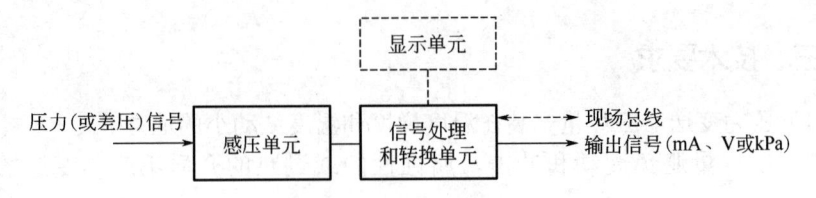

图 3-3　压力变送器的组成

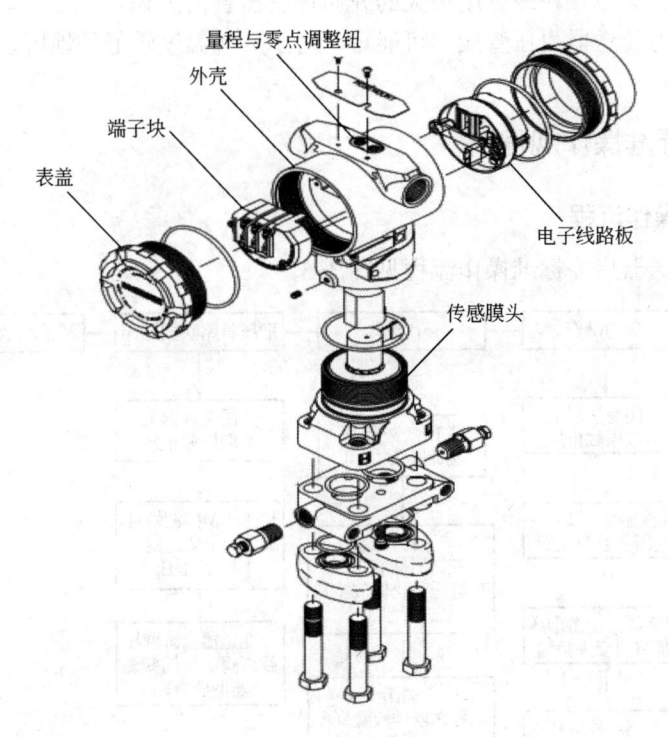

图 3-4　压力变送器结构示意图

一、准备工作

（1）劳保用品准备齐全、穿戴整齐。

（2）工具、用具与材料准备：600mm 防爆管钳 1 把，排污桶 1 个，验漏瓶 1 个，对讲机 2 部，棉纱少许，记录笔、本 1 套。

（3）操作人员要求：一人操作，一人监护。

二、风险识别与消减措施

风险识别：天然气放空引起中毒。

消减措施：放空时要站在上风口，防止天然气中毒。

三、技术要求

（1）压力变送器应尽量安装在温度梯度和温度波动小的地方。

（2）应尽量避免震动和冲击，腐蚀性的或过热的介质不应与变送器直接接触。

（3）防止固体颗粒或黏度很大的介质在引压管内沉积。

（4）压力变送器引压管应尽可能短，对于环境温度较低的地区，应对取压管路进行保温。

四、标准操作规程

（一）操作流程

压力变送器启停标准操作流程见图3-5。

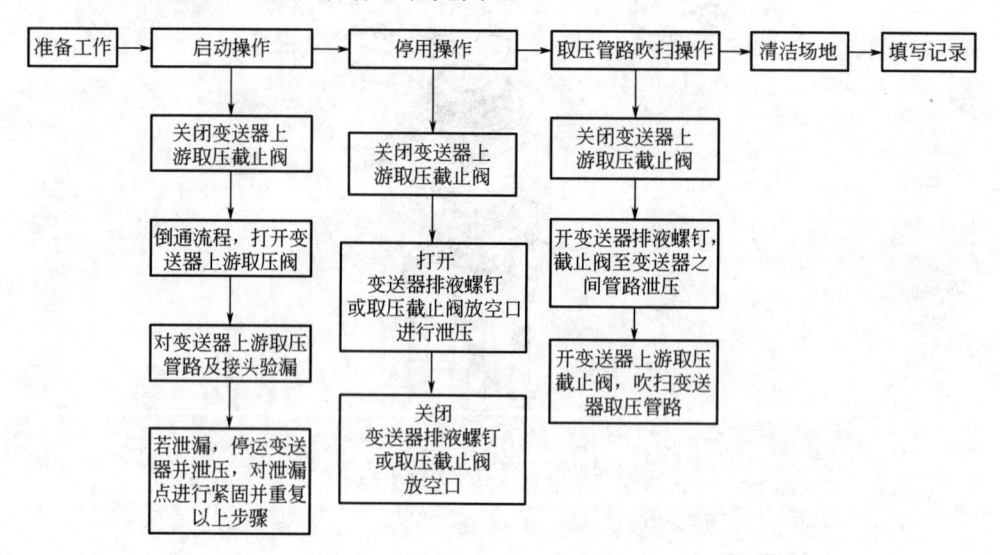

图3-5 压力变送器启停标准操作流程

（二）操作过程

（1）启运压力变送器操作。

① 关闭压力变送器上游取压阀，对压力变送器进行检查。

② 缓慢打开油管阀门，用验漏瓶对压力变送器活接头和上下游法兰连接处进行验漏，确认无渗漏，缓慢打开压力变送器取压阀，用验漏瓶对压力变送器连接处进行验漏，确认无渗漏。

(2) 停运压力变送器操作。
① 向作业区调控中心汇报，×××井准备停运压力变送器。
② 关闭压力变送器上游取压阀。
③ 缓慢打开压力变送器放空阀进行泄压，压力为零后，关闭压力变送器放空阀。
④ 向作业区调控中心汇报且核对数据。
⑤ 按开井标准作业程序开井。
(3) 收拾工具、用具，清洁现场。
(4) 填写压力变送器启停记录。

项目四　压力变送器校验标准操作

一、准备工作

（1）劳保用品准备齐全、穿戴整齐。
（2）工具、用具与材料准备：300mm防爆活动扳手、FLUKE744、验漏瓶、棉纱、万用表、防爆螺丝刀、记录本、记录笔。
（3）操作人员要求：一人操作，一人监护。

二、风险识别与消减措施

风险识别：当心触电。
消减措施：先验电后操作。

三、技术要求

正确使用测量仪表，选择合适的电压值。

四、标准操作规程

（一）操作流程

压力变送器校验标准操作流程见图3-6。

（二）操作过程

（1）连接变送器。
① 将变送器和过程校验仪连接。
② 将变送器同通信终端连接。
③ 将变送器同浮球校验仪连接，并进行验漏。

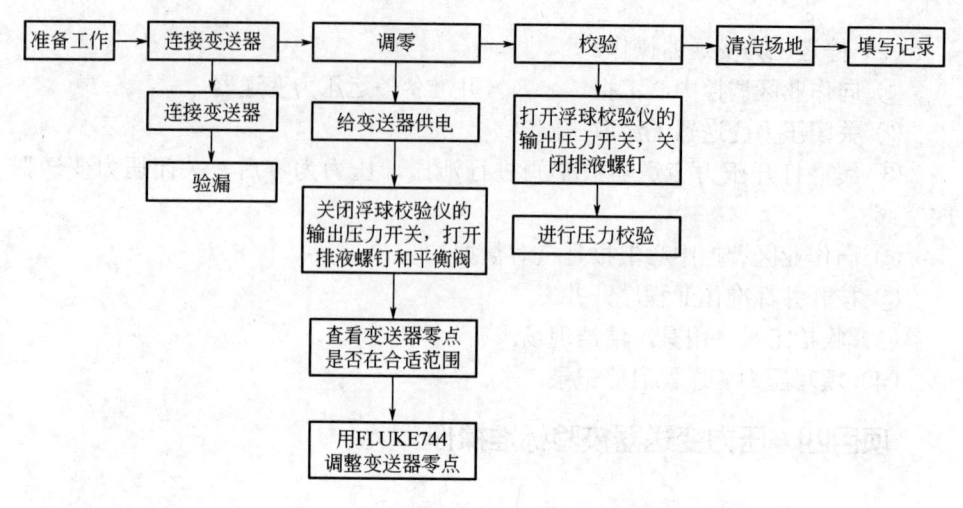

图 3-6　压力变送器校验标准操作流程

（2）调零。

① 在 FLUKE744 上按 SETUP 键，按回车键，选择直流 24V，给压力变送器供电。

② 关闭浮球校验仪的输出压力开关，打开排液螺钉和平衡阀。

③ 用通信终端查看变送器零点是否在合适范围。

④ 用 FLUKE744 调整变送器零点：若零点位置偏高，则用 FLUKE744 将零点向高迁移；若零点位置偏低，则用 FLUKE744 将零点向低迁移；调整过程中保持量程不变。

（3）校验。

① 打开浮球校验仪的输出压力开关，关闭排液螺钉。

② 用浮球校验仪对变送器满量程 25%、50%、75%、100%的压力进行校验。

③ 进行校验时，超过精度等级误差的，调整变送器使各点输出在误差范围内，或判报废。

（4）收拾工具、用具，清洁场地。

（5）填写工作记录，向相关方汇报。

项目五　差压变送器启停标准操作

一、准备工作

（1）劳保用品准备齐全、穿戴整齐。

（2）工具、用具与材料准备：200mm 防爆活动扳手 1 把，排污盆 1 个，对讲机 2 部，验漏瓶 1 个，棉纱少许，记录笔、本 1 套。

（3）操作人员要求：一人操作，一人监护。

二、风险识别与消减措施

风险识别：天然气泄漏引起中毒及火灾。

消减措施：吹扫时必须进行验漏，若泄漏必须停止变送器的运行，对泄漏点进行紧固后再启用变送器。

三、技术要求

（1）变送器应尽量安装在温度梯度和温度波动小的地方。

（2）使用时应尽量避免震动和冲击，腐蚀性的或过热的介质不应与变送器直接接触。

（3）使用时防止固体颗粒或黏度很大的介质在导压管内沉积。

（4）变送器导压管应尽可能短，对于环境温度较低的地区，应对取压管路进行保温。

（5）停用时，吹扫变送器取压管路必须缓慢、平稳操作，以免造成变送器遭受剧烈冲击而损坏。

（6）变送器长期停用时，必须严格按照停用步骤对变送器做隔离停用处理。

四、标准操作规程

（一）操作流程

差压变送器启停操作流程见图 3-7。

（二）操作过程

生产现场差压变送器安装示意图如图 3-8 所示。

（1）启用前的准备工作。

① 关闭变送器高、低压室取压截止阀，开差压变送器平衡阀。

② 倒通流程，同时打开变送器高、低压室取压管路上的取压截止阀，对变送器上游取压管路及各连接处进行验漏。

（2）启用变送器。

① 验漏合格后，通知作业区调控中心，准备开启差压变送器。

② 缓慢关闭平衡阀，由专业技术人员操作，在计算机上调整参数。

③ 与作业区调控中心联系核对参数。

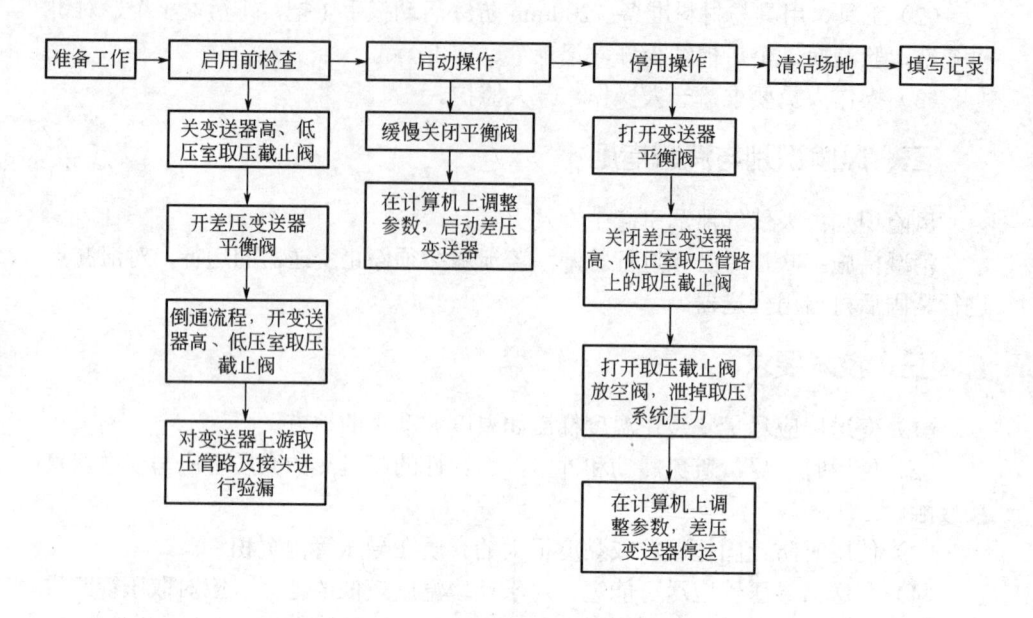

图 3-7 差压变送器启停操作流程

图 3-8 生产现场差压变送器安装示意图

（3）停运变送器。
① 打开变送器平衡阀。
② 关闭差压变送器高、低压室取压管路上的取压截止阀。
③ 把排污盆放在取压截止阀放空阀下方，操作人员站在上风口打开取压截止阀放空阀，由放空阀缓慢泄掉系统压力。
④ 由专业技术人员操作，在计算机上调整参数。
⑤ 通知作业区调控中心，差压变送器已停运。

(4) 收拾工具、用具，清洁现场。
(5) 填写差压变送器启停记录。

项目六 差压变送器导压管路吹扫操作

一、准备工作

(1) 劳保用品准备齐全、穿戴整齐。
(2) 工具、用具与材料准备：150mm 防爆活动扳手 1 把，对讲机 2 部，验漏瓶 1 个，排污盆 1 个，棉纱少许，记录笔、本 1 套。
(3) 操作人员要求：一人操作，一人监护。

二、风险识别与消减措施

风险识别 1：天然气泄漏引起中毒及火灾。
消减措施：吹扫时必须进行验漏，若泄漏必须停止操作，对泄漏点进行紧固后再进行操作。
风险识别 2：吹扫时压力过高造成人身伤害。
消减措施：吹扫时操作人员必须站在放空阀侧面进行操作。

三、技术要求

(1) 吹扫变送器导压管路必须缓慢、平稳操作，以免造成变送器遭受剧烈冲击而损坏。
(2) 通常情况下进行部分吹扫，部分吹扫无效时进行全程吹扫，当无冰碴、液体或杂质排出时为合格。

四、标准操作规程

(一) 操作流程
差压变送器导压管路吹扫操作流程见图 3-9。

(二) 操作过程
(1) 吹扫前的检查。
差压变送器导压管各接头处无泄漏，差压变送器高、低压室平衡阀、放空阀处于关闭状态，手轮完好。
(2) 吹扫操作。
① 通知作业区调控中心准备吹扫导压管（图 3-10），在计算机平台上设置流量计差压模拟值，记录吹扫时间，打开孔板流量计差压变送器高、低压室平衡阀。

准备工作 → 次扫前检查 → 部分吹扫操作 → 全程吹扫操作 → 清洁场地 → 填写记录

次扫前检查：确认导压管各接头处无泄漏

部分吹扫操作：
- 缓慢打开平衡阀
- 关闭高压端取压阀，快速开、关高压端放空阀2~3次，直至无污物、无堵塞
- 开高压端取压阀，关闭低压端取压阀，快速开关低压端放空阀2~3次，直至无污物、无堵塞
- 打开低压端取压阀，关闭平衡阀

全程吹扫操作：
- 打开变送器平衡阀
- 关闭差压变送器高、低压室取压管路上的取压截止阀
- 开差压变送器放空阀泄压，卸高、低压端丝堵，关放空阀
- 快速开关高压端取压阀，吹扫2~3次，直至无污物、无堵塞
- 关高压端取压阀，安装丝堵，开高、低压端取压阀，验漏
- 关闭差压变送器高、低压室平衡阀

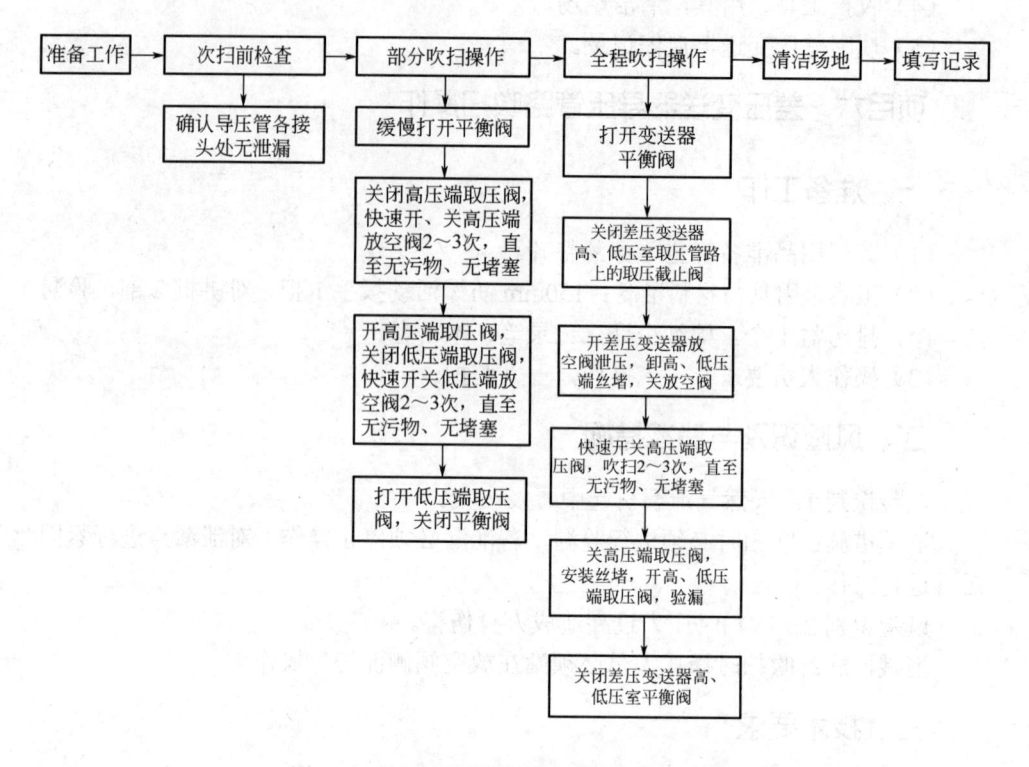

图3-9 差压变送器导压管路吹扫操作流程

图3-10 吹扫前联系调控中心示意图

② 站在侧面分别同时开关孔板流量计差压变送器高、低压端取压管路放空阀2~3次，直至无污物、无堵塞。

③ 打开差压变送器高、低压室平衡阀（图3-11）。

图3-11　打开差压变送器平衡阀操作示意图

④ 关闭差压变送器高、低压室取压管路上的取压截止阀。

⑤ 拆卸差压变送器高、低压端丝堵（放空螺钉），同时快速开关差压变送器高、低压端取压阀，吹扫2~3次，直至无污物、无堵塞。

⑥ 关闭差压变送器高、低压端取压阀（图3-12），安装差压变送器高、低压端丝堵，打开差压变送器高、低压端取压阀。

图3-12　关闭差压变送器取压阀操作示意图

⑦ 对差压变送器各连接部位进行验漏，合格后关闭差压变送器高、低压室平

衡阀。

（3）通知作业区调控中心在计算机平台上恢复流量计差压值，吹扫导压管操作完成，汇报吹扫时间，核对气体流量。

（4）收拾工具、用具，清洁现场。

（5）填写差压变送器导压管路吹扫记录。

项目七 压力变送器常见故障检查操作

一、示值出现明显偏差时的检查操作

（1）检查平衡阀是否关紧，若没关紧，导致差压值变小，流量降低。

（2）检查变送器上游取压阀是否全部打开，若没打开，无差压值，无流量；若没有全部打开，导致差压值变小，流量降低。

（3）变送器导压管路、接头、排液螺钉是否存在泄漏，若高压端漏气，差压变小，流量降低；若低压端漏气，差压变大，流量升高。

（4）导压管路是否存在冻堵或堵塞，若堵死，无差压值，无流量；若没有堵死，差压值变小，流量降低。

二、变送器落零检查操作

（1）压力变送器检查。

① 关闭取压截止阀。

② 从变送器的泄压螺钉处缓慢泄压。

③ 待压力泄完后，观察表头显示或计算机显示是否落零。若不落零，误差在0.1%以内，可视为合格，否则需进行调校。

④ 若变送器表头显示与计算机显示值不相同，则还需检查变送器通信回路及变送器本身是否存在故障。

（2）差压变送器检查。

① 打开平衡阀，缓慢关闭平衡阀两侧的高、低压室取压截止阀。

② 从变送器的排液螺钉处缓慢泄压。

③ 待压力泄完后，观察表头显示或计算机显示是否落零。若不落零，误差在0.1%以内，可视为合格，否则需进行调校。

④ 若变送器表头显示与计算机显示值不相同，则还需检查变送器通信回路及变送器本身是否存在故障。

项目八 智能压力表录取数据标准操作

一、准备工作

（1）劳保用品准备齐全、穿戴整齐。
（2）工具、用具与材料准备：便携式计算机、数据线、记录本、记录笔。
（3）操作人员要求：一人操作，一人监护。

二、风险识别与消减措施

风险识别：当心刺漏。
消减措施：侧身站位，且位于上风口。

三、技术要求

按操作规程操作。

四、标准操作规程

（一）操作流程

智能压力表录取数据标准操作流程见图3-13。

（二）操作过程

（1）接线。
将通信电缆的航空接头端与压力表对应接口连接，另一端与计算机的串口连接。

```
准备工作 → 接线 → 录取压力 → 投运 → 清洁场地 → 填写记录
```

接线：将通信电缆的航空接头端与压力表对应接口连接，另一端与计算机的串口连接

录取压力：
- 按下"记录"按钮
- 按下"通信"按钮，仪表进入通信状态，打开数据录取软件

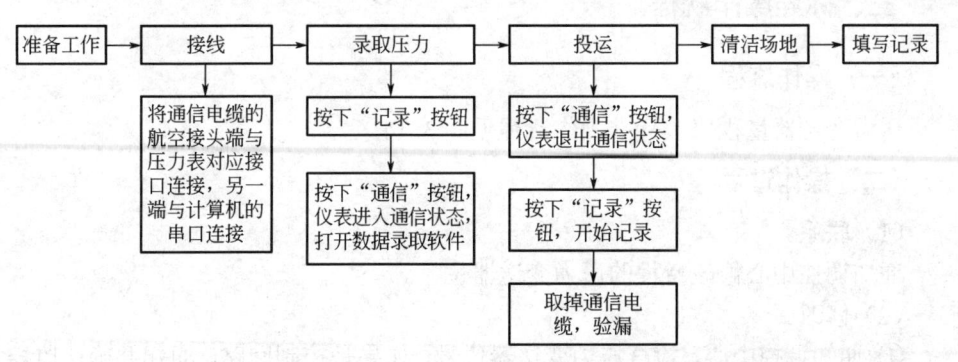

投运：
- 按下"通信"按钮，仪表退出通信状态
- 按下"记录"按钮，开始记录
- 取掉通信电缆，验漏

图3-13 智能压力表录取数据标准操作流程

（2）录取压力。
① 按下"记录"按钮 1s，当画面出现"H-H"标记的时候，仪表退出了数

171

据记录状态，松开"记录"按钮，仪表屏幕显示"0000"。

② 按下"通信"按钮 1s，仪表显示屏幕出现"cdPP"，松开按钮，仪表进入通信状态，打开数据录取软件。

(3) 投运。

① 录取完数据以后按下"通信"按钮 1s，仪表显示屏显示"Ec"，松开按钮，仪表退出通信状态。

② 按下"记录"按钮 1s，画面显示"H-：-H"，进入数据记录状态，松开按钮，显示屏出现"00：00"，开始记录。

③ 取掉通信电缆，对压力表旋塞阀进行验漏。

(4) 整理工具、用具，清理现场。

(5) 填写工作记录，向相关方汇报。

项目九 压力变送器量程修改标准操作

一、准备工作

(1) 劳保用品准备齐全、穿戴整齐。

(2) 工具、用具与材料准备：FLUKE744、防爆仪表螺丝刀、记录本、记录笔。

(3) 操作人员要求：一人操作，一人监护。

二、技术要求

准确调整压力变送器的有效量程。

三、标准操作规程

（一）操作流程

压力变送器量程修改标准操作流程见图 3-14。

（二）操作过程

(1) 联系。

通知调控中心修改量程的压力变送器位号。

(2) 修改。

① 通知调控中心，检查压力变送器位号，如果是控制回路，通知并确认监控中心将此回路调到手动状态。

② 使用 FLUKE744 在 HATE 协议中修改量程。

③ 通知并确认调控中心人员将在监控中心的量程改为与现场压力变送器相同的量程。

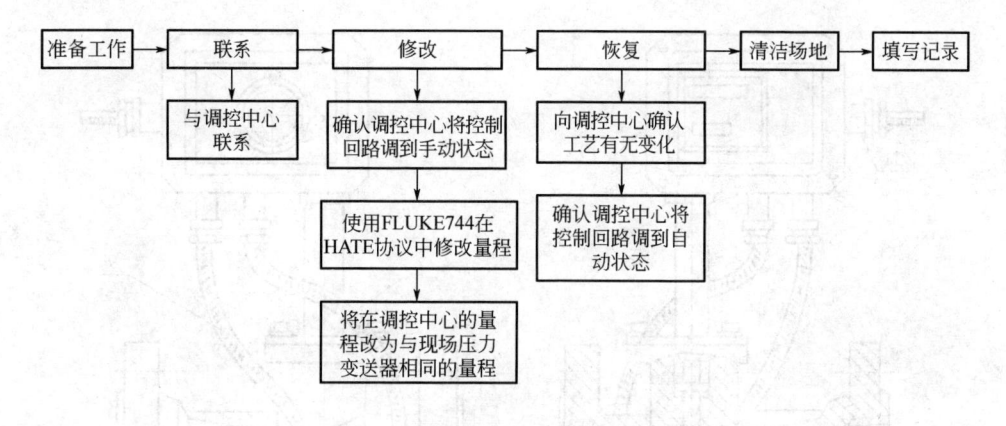

图 3-14　压力变送器量程修改操作流程

（3）恢复。
① 投运之前，向调控中心确认工艺有无变化。
② 通知调控中心工作人员投运，若是控制回路，通知并确认调控中心将回路调到自动状态。
（4）收拾工具用具，清洁场地。
（5）填写工作记录，向相关方汇报。

项目十　单井旋进旋涡智能流量计更换标准操作

一、旋进旋涡智能流量计的结构

旋进旋涡智能流量计主要由四大部件组成，即流量传感器（也称主体结构）、温度传感器、压力传感器、流量计算处理显示组件。其中，流量传感器由流量计壳体、旋涡发生体、压电传感器、除旋整流器组成，如图 3-15 所示。

二、旋进旋涡智能流量计的测量原理

进入旋进旋涡智能流量计的流体，在旋涡发生体的作用下，产生旋涡流，旋涡流在文丘利管中旋进，到达收缩段突然节流，使旋涡加速；当旋涡流突然进入扩散段后，由于压力的变化，使旋涡流逆着前进方向运动，进入该区域内的旋涡信号频率与流量大小成正比；通过流量传感器的压电传感器检测出这一频率信号，并与固定在流量计壳体上的温度传感器和压力传感器检测出的温度、压力信号一并送入流量计算机中进行处理，最终显示出被测流量的体积流量。

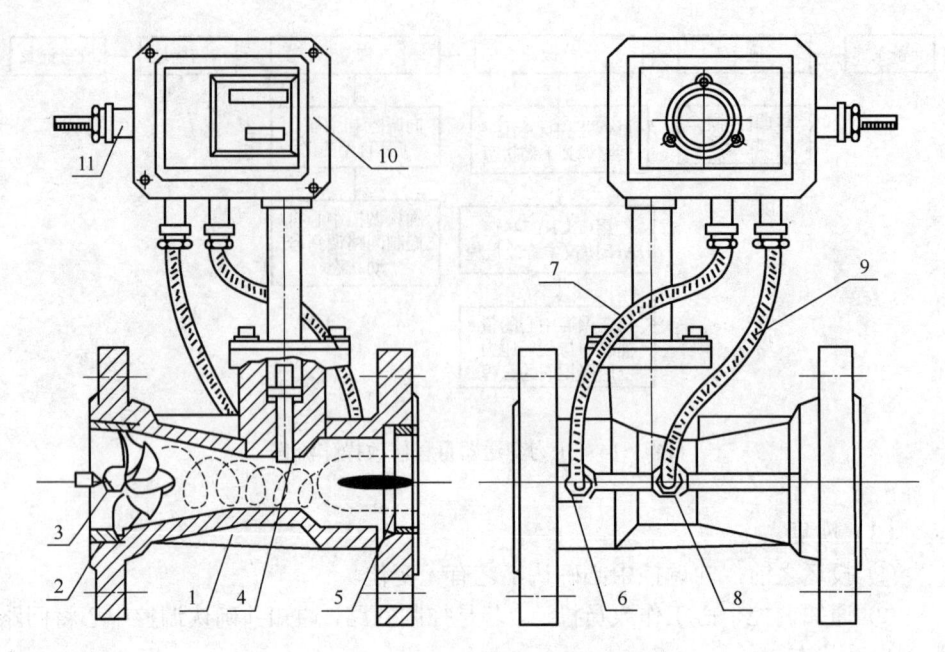

图 3-15　旋进旋涡智能流量计的结构

1—主体结构；2—壳体；3—旋涡发生体；4—压力传感器；5—除旋整流器；6—温度传感器；
7—防爆软管；8—压力传感器；9—防爆软管；10—流量处理显示组件；11—引出线

三、准备工作

（1）劳保用品准备齐全、穿戴整齐。

（2）工具、用具与材料准备：600mm 防爆管钳 1 把，600mm 防爆 F 形扳手 1 把，300mm 防爆活动扳手 1 把，600mm 撬杠 1 根，250mm 防爆平口螺丝刀 1 把，30~32mm 防爆梅花扳手 1 把，30~32mm 防爆开口扳手 1 把，防爆内六方扳手 1 套，校验合格的旋进旋涡智能流量计 1 台，金属缠绕垫片 2 片，铅封、铅封线、铅封钳 1 套，手钳 1 把，验漏瓶 1 个，对讲机 2 部，安全带 1 副，登高脚踏 1 副，登高作业许可证，钢丝刷 1 把，螺栓松动剂 1 瓶，远程测控箱钥匙，螺栓、绝缘胶布、棉纱、黄油若干，标签纸若干，记录笔、纸 1 套。

（3）操作人员要求：两人操作，一人监护。

四、风险识别与消减措施

风险识别 1：当心高空坠落。

消减措施：登高操作时必须佩戴安全带（图 3-16）。

图 3-16　登高操作示意图

风险识别 2：当心刺漏、中毒。
消减措施：切换流程操作人员站在阀门的侧位进行操作，站在上风口进行放空泄压操作（图 3-17）。
风险识别 3：当心机械伤害。
消减措施：正确使用工具，按照"三不伤害"（不伤害自己，不伤害他人，不被他人伤害）原则进行操作。

图 3-17　泄压操作示意图

五、技术要求

（1）阀门操作需缓慢、平稳。

（2）更换流量计必须先断电，后拆卸流量计。

（3）登高操作人员必须持证上岗。

六、标准操作规程

（一）操作流程

单井旋进旋涡智能流量计更换标准操作流程图 3-18。

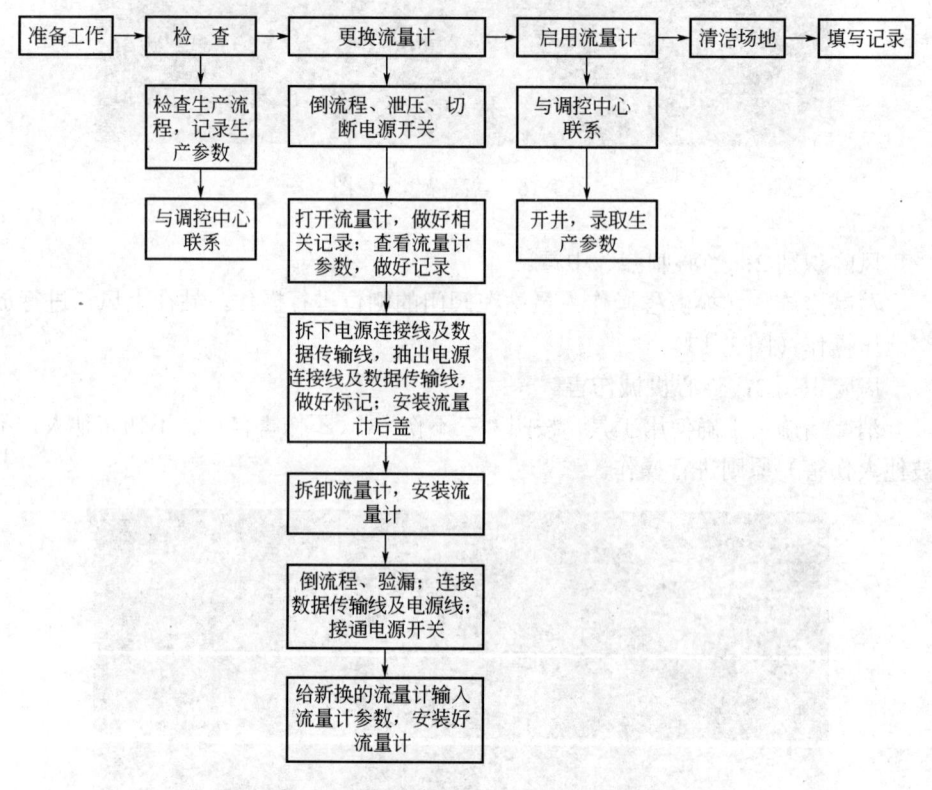

图 3-18 单井旋进旋涡智能流量计更换标准操作流程

（二）操作过程

（1）检查。

① 检查确认单井生产流程处于正常状态。

② 检查并记录油管压力、套管压力，原流量计瞬时流量、累积流量、温度、压力。

③ 通知作业区调控中心，准备更换流量计作业并关井。

（2）更换流量计。

① 松丝杆护套，缓慢关闭采气树针阀，上紧丝杆护套，关闭井场出口截止阀（闸阀），关闭截断阀取压阀门，打开地面管线压力表放空阀，缓慢将流量计段压力泄压至零。

② 佩戴安全带，带上登高脚踏，登高至远程测控箱位置，打开远程测控箱柜门，切断电源开关，关闭远程测控箱柜门。

③ 拆除铅封，打开流量计后盖，记录流量计数据传输线及电源线所对应接线柱。

④ 按下"修改"按钮，再按"设置"按钮，显示屏出现"PASS__0000"时，再按"移位"按钮和"修改"按钮，输入该流量计的密码后，按"设置"按钮，查看流量计参数（总量、流量系数、通信地址），并做好记录。

⑤ 卸松压紧螺钉，分别拆下电源连接线及数据传输线，并用标签纸标注，每根流量计数据传输线都做好绝缘处理。

⑥ 卸松防爆挠性软管与流量计连接头，从流量计穿线孔抽出电源连接线及数据传输线，安装流量计后盖。

⑦ 拆卸流量计上、下游处法兰侧面的连接螺栓，取出金属缠绕垫片，卸下其余螺栓，取下流量计，在新的金属缠绕垫片两面涂抹黄油，保养丝杆，对流量计上、下游法兰面进行清洗、保养（图 3-19）。

图 3-19 法兰保养操作示意图

⑧ 将校验合格的旋进旋涡智能流量计按照气流方向进行安装，安装时首先穿入上、下游法兰底部螺栓，将新的金属缠绕垫片放入上、下游法兰之间，用防爆平口螺丝刀调整金属缠绕垫片位于法兰面中心位置，再穿入其余螺栓，对角紧固法兰连接螺栓。

⑨ 关闭地面管线压力表放空阀，缓慢打开井场出口截止阀（闸阀）对流量计管段进行充压，对流量计两法兰连接处进行验漏（图3-20）。

图3-20　法兰验漏操作示意图

⑩ 验漏合格后，拆除新流量计的铅封，打开流量计后盖，从流量计穿线孔将电源连接线及数据传输线穿入，上紧防爆挠性软管与流量计连接头，将流量计数据传输线及电源线按照拆卸记录连接到所对应的接线柱上。

⑪ 佩戴安全带，带上登高脚踏，登高至远程测控箱位置，打开远程测控箱柜门，接通电源开关，检查流量计显示正常后，关闭远程测控箱柜门。

⑫ 给新换的流量计输入参数，按下"修改"按钮，再按"设置"按钮，显示屏出现"PASS＿＿0000"时，再按"移位"按钮和"修改"按钮，输入该流量计的密码后，按"设置"按钮，查看流量计参数（总量、流量系数、通信地址），并做好记录，再按"设置"按钮，保存流量计参数，上紧流量计后盖，打上铅封。

（3）启用流量计。

① 联系作业区调控中心，修改流量计通信地址，确认流量计远传运行正常，准备开井。

② 打开截断阀取压阀门，缓慢打开针阀，通过针阀控制气井流量，待油压接近系统压力后，全开针阀，给作业区调控中心汇报开井时间及油管压力、套管压力、瞬时流量、累积流量等参数。

（4）收拾工具、用具，清洁场地。

（5）填写工作记录，记录作业的井号、作业时间、操作者，新更换的流量计型号、出厂厂家、编号及日期等。

项目十一　5719系列高级孔板清洗检查标准操作

一、准备工作

（1）劳保用品准备齐全、穿戴整齐。

（2）工具、用具与材料准备：150mm、300mm、375mm 防爆活动扳手各 1 把，专用摇把 1 把，100mm 防爆平口螺丝刀 1 把，专用防爆六方扳手 1 把，校验合格的孔板 1 块，游标卡尺 1 把，刀口尺 1 把，塞尺 1 把，放大镜 1 块，计算器 1 台，验漏瓶 1 个，对讲机 2 部，毛刷 1 把，清洗液若干，清洗盆 1 个，排污桶 1 个，孔板密封圈 1 个，石板垫片若干，黄油、棉纱、密封润滑脂适量，擦布 1 块，记录笔、本 1 套。

（3）操作人员要求：一人操作，一人监护。

二、风险识别与消减措施

风险识别 1：上腔室高压气体未放空，卸顶丝时高压气体冲出，造成人员伤害。
消减措施：要求必须泄压为零才能松顶丝。
风险识别 2：孔板滑阀漏气严重，带压作业时造成操作人员的人身伤害。
消减措施：操作时严格按作业程序操作。
风险识别 3：取孔板时刺漏，造成操作人员的人身伤害。
消减措施：操作时严格按作业程序操作，取孔板时操作人员不能正对孔板阀压盖。

三、技术要求

（1）孔板在孔板架中不能过松或过紧，以保证孔板与密封面有良好的密封。装孔板时，注意其上、下游端面，喇叭口应指向气流流动方向下游。

（2）定期给孔板齿轮、齿条加润滑油。

（3）检查孔板时，孔板表面应无损伤、划痕，端口无毛刺，直角入口边缘应锐利。

（4）孔板计量装置在正常使用时必须每 10d 对孔板检查一次。

（5）孔板在装入之前必须保持孔板表面无污物、无损伤，密封件无变形损伤。

（6）拆装孔板，不得用硬物直接和孔板接触，禁止用金属器具清除孔板污物。

（7）在检查过程中，如发现孔板表面有结晶沉淀，必须加密对孔板的清洗次数。

（8）在操作过程中，应避免脏物、杂质掉入孔板腔体内，以免划伤滑阀。

（9）更换孔板时必须设置模拟参数，记录更换时间，以便进行流量计量。

四、标准操作规程

（一）操作流程

5719系列孔板清洗检查操作流程见图3-21。

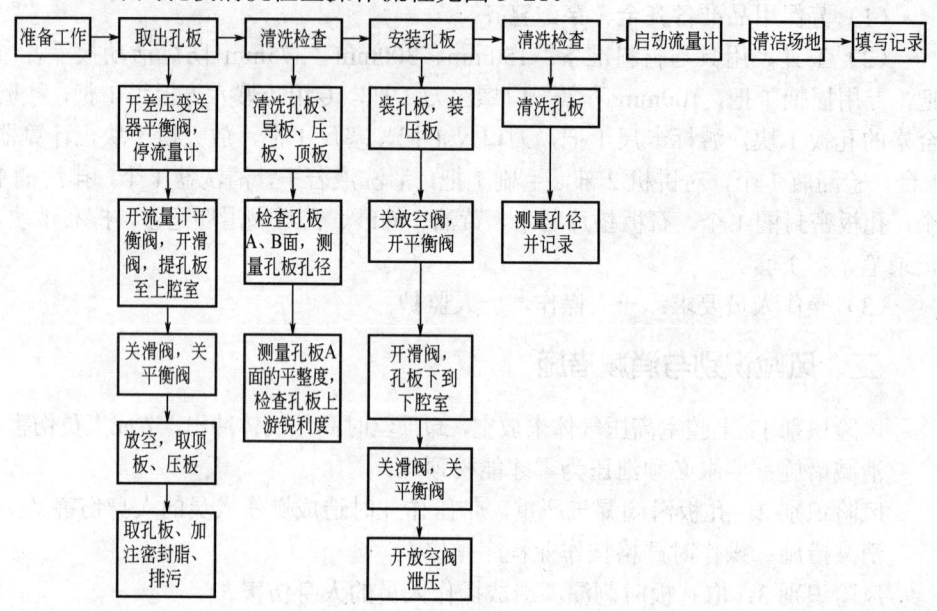

图3-21 5719系列孔板清洗检查操作流程

（二）操作过程

（1）取出孔板。

① 通知作业区调控中心，准备进行流量计更换孔板操作，设置模拟参数，接到调控中心回复后，打开孔板流量计差压变送器平衡阀，停流量计。

② 检查流量计压板顶丝是否紧固，放空阀是否关闭，打开流量计平衡阀，平衡孔板阀上、下腔室压力，用专用摇把顺时针转动滑阀至"开"的位置，使上、下腔室连通。

③ 用专用摇把逆时针转动下腔室孔板提升阀杆至转不动为止，将孔板摇出孔板阀下腔室，再逆时针转动上腔室孔板提升阀杆将孔板提至上腔室。

④ 用专用摇把逆时针转动滑阀至"关"的位置，关闭平衡阀，使孔板阀上、下腔室隔离。

⑤ 缓慢打开上腔室放空阀，使上腔室压力降至零。

⑥ 用防爆内六方扳手卸松压紧顶丝，取出顶板，用专用摇把缓慢逆时针旋转上腔室孔板提升阀杆，取出压板、垫片。

⑦ 用专用摇把缓慢逆时针旋转上腔室孔板提升阀杆至摇不动为止,摇出导板(孔板架)。

⑧ 将孔板从导板上取下,从孔板上取下胶圈,将孔板放入清洗盆内,清洁孔板阀上腔密封面,检查上腔室孔板提升阀杆齿轮是否完好。

⑨ 用防爆活动扳手卸下注脂器压帽,加注密封脂,上紧注脂器压帽。

⑩ 将排污桶放在排污阀下方,缓慢打开排污阀排污,脏物排尽后关闭排污阀。

（2）清洗检查。

① 依次用清洗液清洗孔板、导板、压板、顶板,按顺序依次摆好,检查、清洁密封垫及胶圈。

② 对着光线检查孔板 A、B 面有无可见划痕、蚀坑、磨损,有无明显缺陷,表面是否光洁。

③ 用游标卡尺分四次从不同方位测量孔板孔径,用计算器求出孔径平均值并记录数据。

④ 利用公式计算塞尺尺寸,根据计算的尺寸选择合适的塞尺,用刀口尺过孔板圆心,用塞尺测量孔板 A 面的平整度。

⑤ 用放大镜对着光线检查孔板上游锐利度（孔板喇叭口）,有无毛边,有无可见异常现象。

（3）安装孔板。

① 将合格的孔板装上胶圈,喇叭口对准下游装入导板。

② 在导板齿槽、压板、顶板、垫片处涂抹适量黄油,将导板平稳放入阀腔内。

③ 用专用摇把顺时针旋转上腔室孔板提升阀杆将导板摇入上腔室内。

④ 将涂抹好黄油的垫片重新装好,使压板对齐梅花缺口,装好压板,将顶板插入孔板阀体顶板槽内,用防爆内六方扳手从外向内依次上紧顶板顶丝。

⑤ 关闭流量计放空阀,打开流量计平衡阀,顺时针转动滑阀至"开"的位置,用摇把根据指示方向顺时针转动上腔孔板提升阀杆使孔板进入下腔室,顺时针转动下腔孔板提升阀杆使孔板完全进入下腔室。

⑥ 逆时针转动滑阀至"关"的位置,关平衡阀,对流量计进行验漏,确认无渗漏后,缓慢打开放空阀放空,使上腔室压力降至零,关闭放空阀。

⑦ 用防爆活动扳手卸下注脂器压帽,加注密封脂,上紧注脂器压帽。

（4）启动流量计。

① 关闭差压变送器平衡阀,通知作业区调控中心,恢复计量参数,启动流量计。

② 待作业区调控中心核对数据正常后,操作完毕。

(5) 收拾工具、用具，清洁现场。

(6) 填写孔板清洗检查记录。

项目十二　银河系列孔板更换标准操作

一、准备工作

（1）劳保用品准备齐全、穿戴整齐。

（2）工具、用具与材料准备：150mm、300mm 防爆活动扳手 1 把，专用摇把 1 把，100mm 防爆平口螺丝刀 1 把，专用防爆六方扳手 1 把，油盆 1 个，验漏瓶 1 个，黄油、棉纱、密封润滑脂适量，孔板 1 块，记录本、记录笔 1 套。

（3）操作人员要求：一人操作，一人监护。

二、风险识别与消减措施

风险识别 1：上腔室高压气体未放空，卸顶丝时高压气体冲出，造成人员伤害。

消减措施：要求必须泄压为零才能松顶丝。

风险识别 2：孔板滑阀漏气严重，带压作业时造成操作人员伤害。

消减措施：更换过程中现场要保证有两人，一人操作，一人负责现场监护。

三、技术要求

（1）孔板在孔板架中不能过松或过紧，以保证孔板与密封面有良好的密封。装孔板时，注意其上、下游端面。

（2）定期给孔板齿轮、齿条加润滑油。装孔板时，注意喇叭口应指向气流流动方向下游。

（3）检查孔板时，孔板表面应无损伤、划痕，端口无毛刺，直角入口边缘应锐利。

（4）孔板计量装置在正常使用时必须每 10d 对孔板检查一次。

（5）孔板在装入之前必须保持孔板表面无污物、无损伤，密封件无变形损伤。

（6）拆装孔板，不得用硬物直接和孔板进行接触，禁止用金属器具清除孔板污物。

（7）在检查过程中，如发现孔板表面有结晶沉淀，必须加密对孔板的清洗次数。

（8）在操作过程中，应避免脏物、杂质掉入孔板腔体内，以免划伤滑阀。

四、标准操作规程

（一）操作流程

银河系列孔板更换操作流程见图3-22。

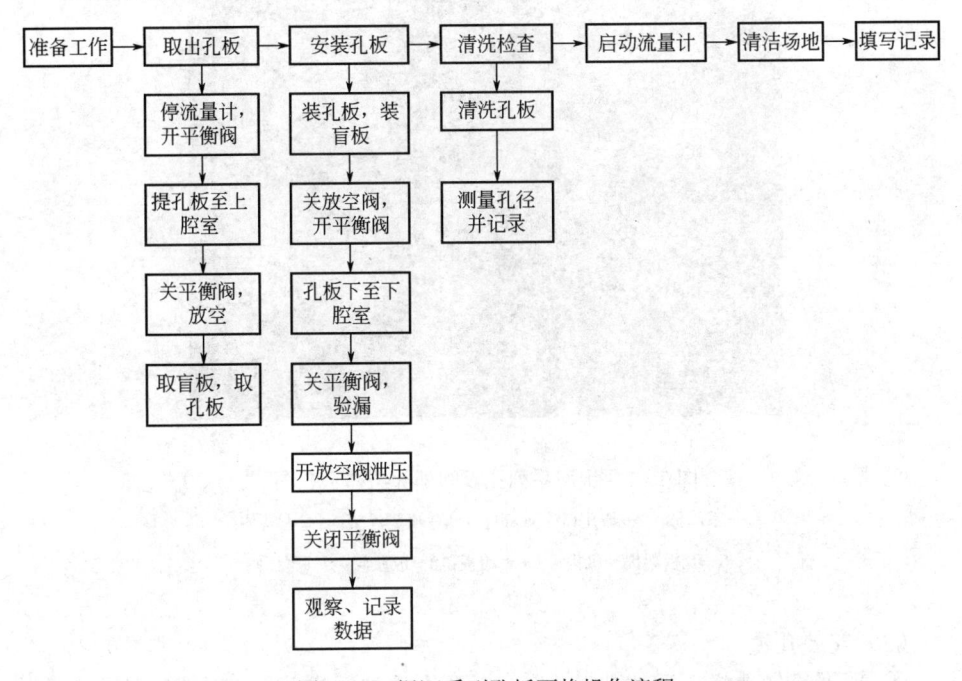

```
准备工作 → 取出孔板 → 安装孔板 → 清洗检查 → 启动流量计 → 清洁场地 → 填写记录
             │            │            │
         停流量计，    装孔板，      清洗孔板
         开平衡阀      装盲板           │
             │            │         测量孔径
         提孔板至上   关放空阀，      并记录
           腔室        开平衡阀
             │            │
         关平衡阀，   孔板下至下
           放空         腔室
             │            │
         取盲板，取   关平衡阀，
           孔板          验漏
                          │
                     开放空阀泄压
                          │
                       关闭平衡阀
                          │
                       观察、记录
                         数据
```

图3-22　银河系列孔板更换操作流程

（二）操作过程

（1）取出孔板。

① 停流量计，逆时针打开孔板平衡阀、使孔板阀上、下腔室压力平衡（图3-23）。

② 用专用摇把逆时针时转动孔板架提升机构直到孔板架完全上升至上腔室。

③ 关闭平衡阀，打开放空阀放空泄压为零。

④ 卸松盲板顶丝，打开盲板，取出孔板架。

⑤ 取下胶圈，卸去胶圈内的挡圈，取出孔板，检查并清洗孔板架、密封垫、胶圈及孔板的密封面。

183

图 3-23 银河系列孔板阀外部结构示意图
1—下阀体；2—取压口；3—盲板；4—压紧丝轴；5—上阀体；
6—孔板架提升机构；7—上盖板；8—放空阀；9—平衡阀

（2）安装孔板。

① 根据流量选择合适的孔板，将孔板四周涂抹适量黄油，喇叭口对准下游装入孔板架。

② 将孔板架放入阀腔内，安装盲板，紧固盲板顶丝。

③ 关闭放空阀，打开孔板平衡阀，将孔板摇至下腔室。

④ 关闭上、下腔室平衡阀，检查、验漏，确保无气泡，密封不漏。

⑤ 打开上腔室放空阀泄压为零，关闭放空阀。

⑥ 关闭流量计平衡阀，记录启动流量计时间。

⑦ 在计算机上观察差压值、瞬时流量。

（3）清洗检查。

① 清洗孔板，检查 A、B 面无可见划痕、蚀坑、磨损，表面光洁。

② 确定孔板上游锐利，无毛边，无可见异常现象。

③ 测量孔板孔径，记录数据并回收。

（4）收拾工具、用具，清洁现场。

（5）填写孔板更换记录。

项目十三　液位远传机构更换标准操作

一、准备工作

（1）劳保用品准备齐全、穿戴整齐。

（2）工具、用具与材料准备：磁铁、绝缘胶带、防爆螺丝刀、防爆扳手、记录本、记录笔。

（3）操作人员要求：一人操作，一人监护。

二、风险识别与消减措施

风险识别：当心触电。

消减措施：先验电或断电后再操作。

三、技术要求

用磁铁测试时要准确。

四、标准操作规程

（一）操作流程

液位远传机构更换操作流程见图3-24。

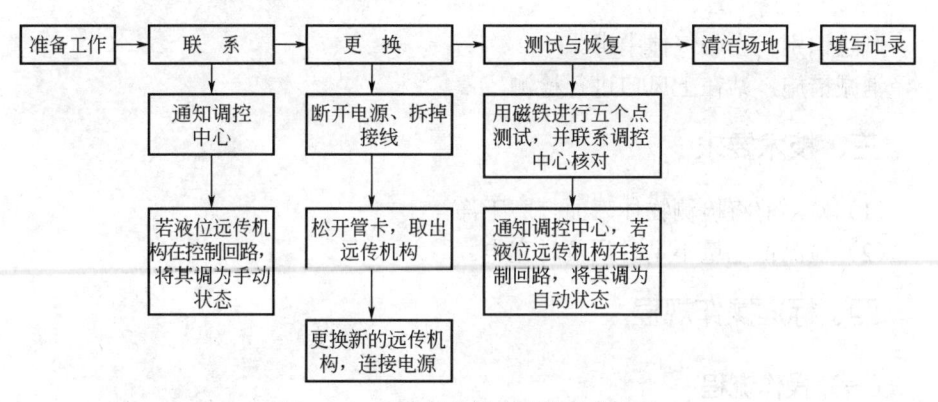

图3-24　液位远传机构更换操作流程

（二）操作过程

（1）联系。

① 通知调控中心更换调试相应的液位远传机构。

② 联系调控中心，若该液位远传机构在控制回路，将其调为手动状态。

(2）更换。

① 断开液位远传机构电源，拆掉表头接线，并用绝缘胶带包好。

② 松开夹持远传机构的管卡，取出远传机构。

③ 更换新的远传机构，连接电源。

（3）用磁铁分别在液位远传机构的 0%、25%、50%、75%、100%五个点测试，并联系调控中心核对。

（4）调试完毕，通知调控中心投运；若该液位远传机构在控制回路，将其调为自动状态。

（5）收拾工具、用具，清洁场地。

（6）填写工作记录，向相关方汇报。

项目十四　壁厚检测仪使用标准操作

一、准备工作

（1）劳保用品准备齐全、穿戴整齐。

（2）工具、用具与材料准备：壁厚检测仪 1 台，剪刀 1 把，锯弓、锯条 1 套，细砂纸 1 张，毛巾 1 条，记录笔、本 1 套。

（3）操作人员要求：一人操作，一人监护。

二、风险识别与消减措施

风险识别：当心气体中毒。

消减措施：站在上风口进行检测。

三、技术要求

（1）检测前将检测物体表面打磨干净。

（2）检测仪电量不足时须及时充电。

四、标准操作规程

（一）操作流程

壁厚检测仪使用标准操作流程见图 3-25。

（二）操作过程

（1）检查。

① 检查检测仪在标定日期内。

② 检查检测仪探头清洁、无损伤。

准备工作 → 检查 → 开机 → 检测 → 关机 → 清洁场地 → 填写记录

检查：检查检测仪在标定日期内；检查检测仪探头、各连接部件、耦合剂余量

开机：按住"ON"键，仪器开机；连接仪表测试线

检测：打磨掉弯头油漆；在不同位置检测4次后，记录数据

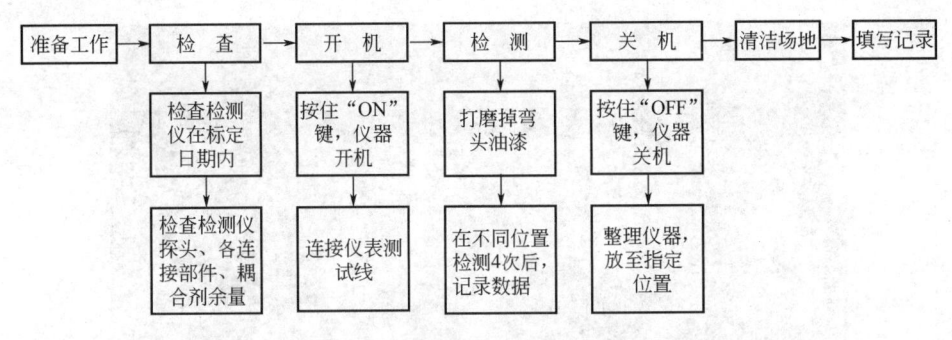

关机：按住"OFF"键，仪器关机；整理仪器，放至指定位置

图 3-25　壁厚检测仪使用标准操作流程

③ 检查检测仪各连接部件完好。
④ 检查耦合剂余量足够。
（2）开机。
① 按住检测仪"ON"键，仪器开机进入预热、检测状态（图 3-26）。

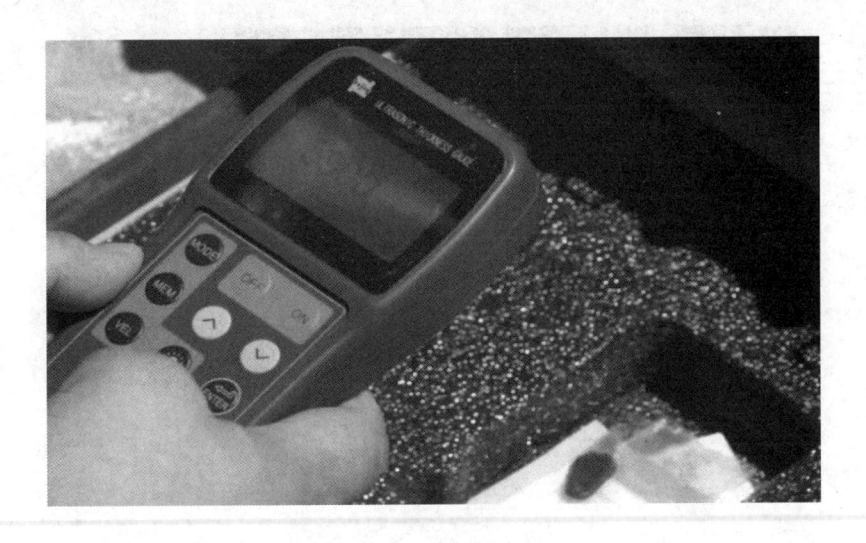

图 3-26　壁厚检测仪开机操作示意图

② 连接仪表测试线。
（3）检测。
① 打磨掉弯头油漆（图 3-27）。
② 检测仪处于检测状态，液晶屏同时显示曲线及数值，在弯头不同位置检测4次后记录数据（图 3-28）。

187

采气工艺操作技术

图 3-27　清理被测管路操作示意图

图 3-28　壁厚检测仪现场操作示意图

（4）关机。
① 在开机状态下，按住"OFF"键 3s，仪器关机。
② 整理仪器，清洁探头，放至指定位置。
（5）收拾工具、用具，清洁场地。
（6）填写壁厚检测记录。

项目十五　四合一便携式气体检测仪使用标准操作

一、准备工作

（1）劳保用品准备齐全、穿戴整齐。
（2）工具、用具与材料准备：便携式气体检测仪 1 台，5 号电池若干，记录笔、本 1 套。
（3）操作人员要求：一人操作。

二、风险识别与消减措施

风险识别：当心气体中毒。
消减措施：站在上风口进行检测。

三、技术要求

（1）严禁将检测仪吸入口置入高浓度甲烷中长时间检测。
（2）检测时熟练操作，将检测管斜对检测部位并与检测部位保持有效距离。
（3）检测仪每年校验一次。

四、标准操作规程

（一）操作流程

四合一便携式气体检测仪使用流程见图 3-29。

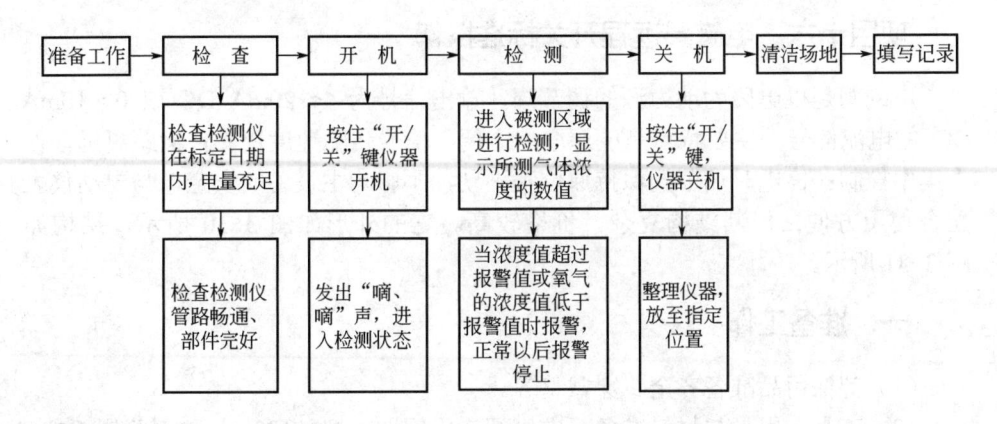

图 3-29　四合一便携式气体检测仪使用流程

（二）操作过程

（1）检查。

① 检查检测仪在标定日期内，电池电量充足。

② 检查检测仪吸气管路畅通。

③ 检查检测仪各连接部件完好。

（2）开机。

① 按住检测仪"开/关"键3s，仪器开机进入预热状态。

② 仪器发出"嘀、嘀"两声，进入检测状态。

（3）检测。

① 将检测仪吸气口斜对被测区域进行检测。

② 检测仪在检测状态，液晶屏同时显示所测气体（甲烷、一氧化碳、硫化氢、氧气）浓度的数值。

③ 当检测气体（甲烷、一氧化碳、硫化氢）的浓度值超过报警值或氧气的浓度值低于报警值时，仪器连续发出"嘀、嘀"声响。

④ 当检测气体（甲烷、一氧化碳、硫化氢）的浓度值低于报警值或氧气的浓度值高于报警值时，报警解除，蜂鸣器停止鸣叫。

（4）关机。

① 在开机状态下，按住"开/关"键3s，仪器关机。

② 整理仪器，放至指定位置。

（5）收拾工具、用具，清洁场地。

（6）填写操作记录。

项目十六　电磁阀远程开关标准操作

电磁阀是以电磁为动力源的调节阀，输出信号为4~20mA DC 或 0~10mA DC 的电流信号。主要特点是能源取用方便，信号传输速度快，传输距离远，便于集中控制；停电时调节阀保持原位置不动，不影响主设备的安全，与电动仪表配合使用方便；但其结构复杂，价格较高。它的外形如图3-30所示，结构如图3-31所示。

一、准备工作

（1）劳保用品准备齐全、穿戴整齐。

（2）工具、用具与材料准备：电磁阀专用钥匙1把，600mm防爆管钳1把，防爆内六方扳手1套，300mm防爆活动扳手1把，对讲机2部，验漏瓶1个，棉纱若干，记录笔、本1套。

（3）操作人员要求：一人操作，一人监护。

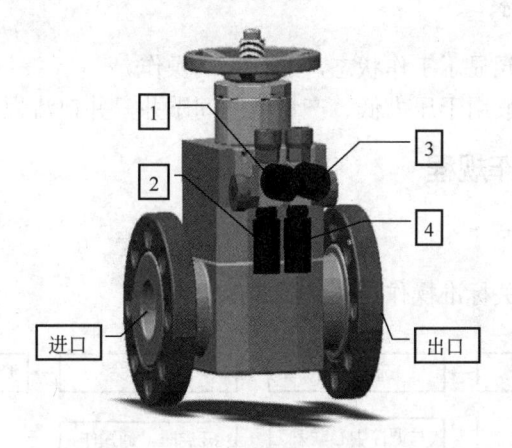

图 3-30　ZD-50/25-E 高压防爆电磁阀外形图
1—进气副阀芯电磁头；2—进气锁芯电磁头；3—卸荷副阀芯电磁头；4—卸荷锁芯电磁头

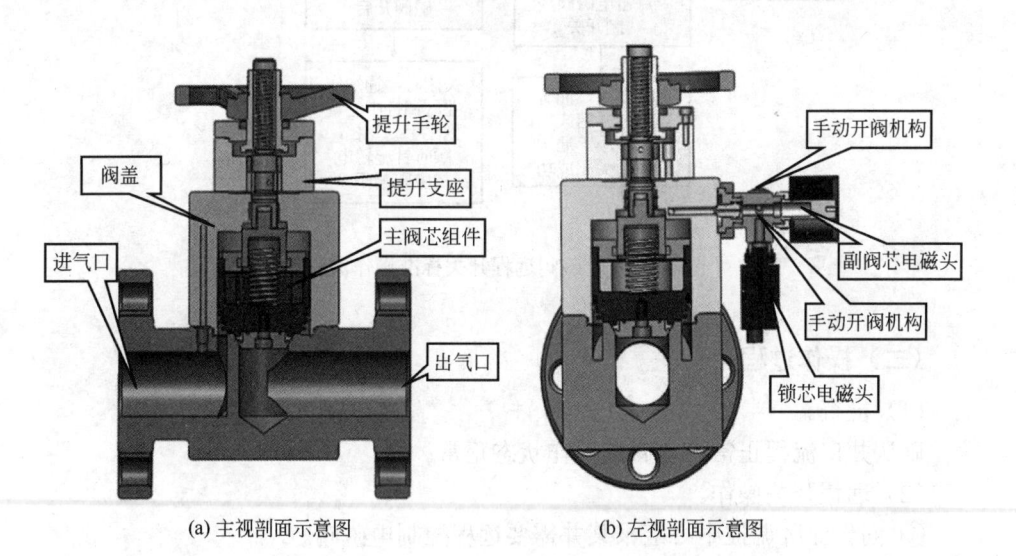

(a) 主视剖面示意图　　(b) 左视剖面示意图

图 3-31　ZD-50/25-E 高压防爆电磁阀结构图

二、风险识别与消减措施

风险识别：当心憋压。
消减措施：操作时注意压力变送器变化，做好放空准备。

三、技术要求

（1）根据电磁阀显示工作状态，进行正确操作。
（2）电磁阀一般用于压力低、产量低的间歇井，井口流程处于开启状态。

四、标准操作规程

（一）操作流程

电磁阀远程开关标准操作流程见图3-32。

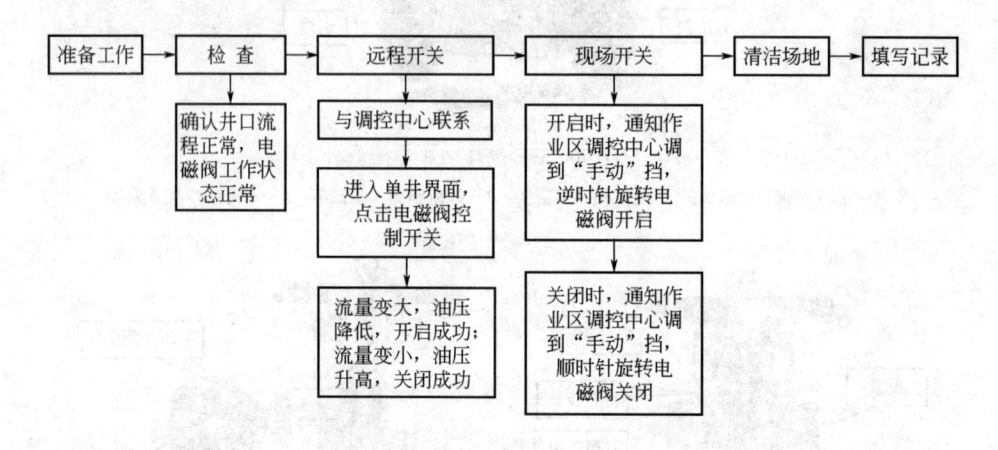

图3-32 电磁阀远程开关标准操作流程

（二）操作过程

（1）检查。
确认井口流程正常，电磁阀工作状态正常。
（2）远程开关操作。
① 向作业区调控中心汇报某井需要远程控制电磁阀。
② 进入作业区调控中心二级平台电磁阀远程控制界面，点击选定的单井界面，点击电磁阀控制开关。
③ 当远程控制开时，单井流量由零变大，油压降低（降为系统压力），开启成功。
④ 当远程控制关时，单井流量变零，油压升高，关闭成功。
（3）现场开关操作。
① 根据电磁阀磁头上的顺序（开1、开2、关1、关2）进行操作。
② 需要开启电磁阀时，通知作业区调控中心，将开1、开2调到"手动"挡，

依次逆时针旋转电磁阀开1、开2手轮，开启开1、开2。

③ 需要关闭电磁阀时，通知作业区调控中心，将开1、开2调到"手动"挡，依次顺时针旋转电磁阀开1、开2手轮，关闭开1、开2。

（4）收拾工具、用具，清洁场地。

（5）填写电磁阀开关记录。

项目十七　集气站电动球阀开关标准操作

一、准备工作

（1）劳保用品准备齐全、穿戴整齐。

（2）工具、用具与材料准备：防爆内六方扳手1套，对讲机2部，验漏瓶1个，棉纱若干，记录笔、本1套。

（3）操作人员要求：一人操作，一人监护。

二、风险识别与消减措施

风险识别1：当心刺漏。

消减措施：用验漏瓶检查电动球阀连接处。

风险识别2：当心憋压。

消减措施：注意观察电动球阀前后压力。

三、技术要求

（1）操作时缓慢、平稳，阀门全开或全关。

（2）电动球阀前、后压差平衡时才能进行开、关操作。

四、标准操作规程

（一）操作流程

集气站电动球阀开关标准操作流程见图3-33。

（二）操作过程

（1）检查。

① 观察电动球阀显示面板完好，各部件齐全完好，连接紧固。

② 确认电动球阀供电正常。

（2）现场开关。

① 通知作业区调控中心，准备手动开启电动球阀。

② 启动操作。

```
准备工作 → 检查 → 现场开关 → 远程开关 → 清洁场地 → 填写记录
```

- 检查：确认电动球阀各部件齐全完好，供电正常
- 现场开关：
  - 开启时，通知作业区调控中心，手柄打至"HAND"位置，旋转手轮面板显示为"OPEN"状态
  - 关闭时，通知作业区调控中心，旋转手轮面板显示为"CLOSE"状态，手柄打至"AUTO"位置
- 远程开关：
  - 与调控中心联系
  - 进入站内数据监控界面，点击电动球阀控制按钮，按下"OPEN"键，显示为绿色后即为全开状态
  - 进入站内数据监控界面，点击电动球阀控制按钮，按下"CLOSE"键，显示为红色后即为全关状态

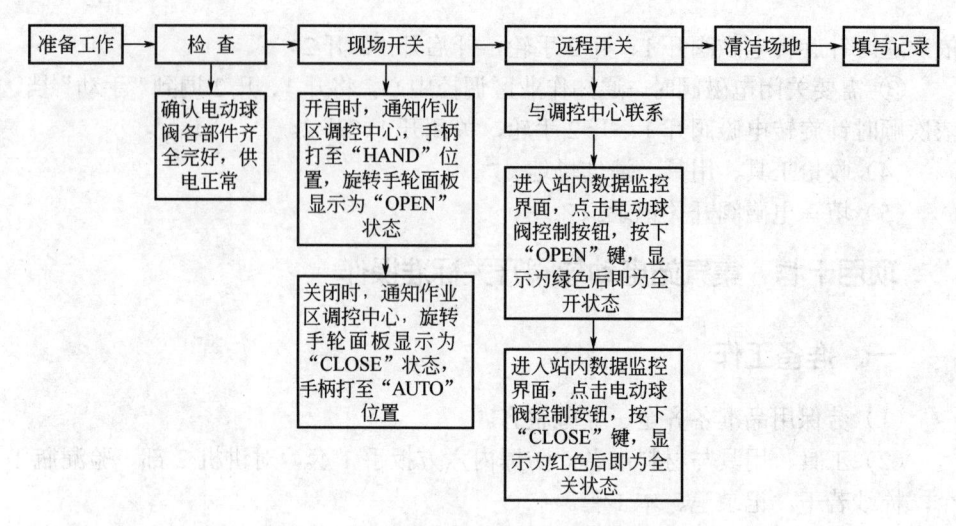

图 3-33 集气站电动球阀开关标准操作流程

手动将电动球阀手柄打至"HAND"位置，直到面板显示 100%，为"OPEN"状态时停止操作，此时阀门为全开状态。

③ 关闭操作。

逆时针旋转手轮，直到面板显示 100%，为"CLOSE"状态时停止操作，此时阀门为全关状态。

④ 手动将电动球阀手柄打至"AUTO"位置。

（3）远程开关。

① 通知作业区调控中心，准备远程开启电动球阀。

② 开启操作。

进入站内数据监控界面，点击电动球阀控制按钮，按下"OPEN"键，显示为绿色后即为全开状态。

③ 关闭操作。

进入站内数据监控界面，点击电动球阀控制按钮，按下"CLOSE"键，显示为红色后即为全关状态。

（4）收拾工具、用具，清洁场地。

（5）填写电动球阀开关记录。

项目十八 调节阀校验标准操作

一、准备工作

（1）劳保用品准备齐全、穿戴整齐。

（2）工具、用具与材料准备：FLUKE744、防爆梅花螺丝刀、绝缘胶布、验漏瓶、棉纱、记录本、记录笔。

（3）操作人员要求：一人操作，一人监护。

二、风险识别与消减措施

风险识别：当心气体泄漏中毒。

消减措施：站在上风口及阀门的侧位进行操作。

三、技术要求

正确使用校验仪表。

四、标准操作规程

（一）操作流程

调节阀校验操作流程见图 3-34。

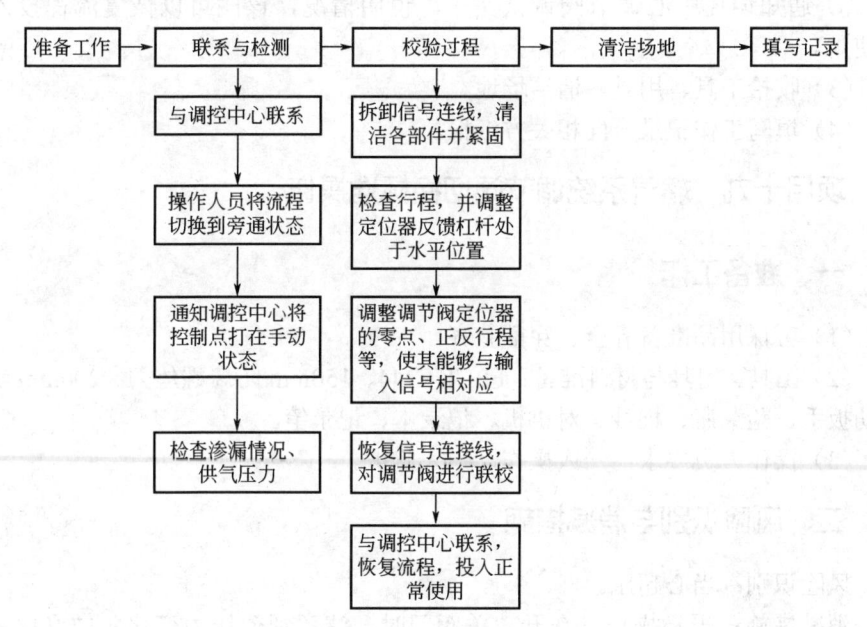

图 3-34 调节阀校验操作流程

（二）操作过程

（1）联系与检测。

① 通知调控中心现场准备进行调节阀校验操作，同时要求现场操作人员到位。

②现场操作人员将流程切换到旁通状态（无旁通的调节阀要处于停运状态）。

③通知调控中心将控制点打在手动状态。

④检查仪表风管路有无漏气，定位器供气压力是否满足要求。

（2）校验过程。

①拆卸信号连线并用绝缘胶布缠绕。

②清洁定位器及调节阀部件并紧固定位器螺栓。

③检查行程，确定刻度指示牌位置，重点检查调节阀全关位置是否与指示牌指示一致。

④用 FLUKE744 输出 12mA 信号至调节阀定位器，检查并调整定位器反馈杠杆处于水平位置。

⑤用 FLUKE744 输出 4mA、8mA、12mA、16mA、20mA 信号，调整调节阀定位器的零点、正反行程等，使其能够与输入信号相对应。

⑥调整合格后恢复信号连接线，对调节阀进行联校。

⑦通知调控中心调节阀调试完毕，说明情况，该阀可以恢复流程投入正常使用。

（3）收拾工具、用具，清洁场地。

（4）填写工作记录，向相关方汇报。

项目十九　燃气系统调节阀切换标准操作

一、准备工作

（1）劳保用品准备齐全、穿戴整齐。

（2）工具、用具与材料准备：FLUKE744、150mm 防爆螺丝刀、200mm 防爆活动扳手、验漏瓶、棉纱、对讲机、记录本、记录笔。

（3）操作人员要求：一人操作，一人监护。

二、风险识别与消减措施

风险识别：当心超压。

消减措施：平稳操作，在开、关阀门时，注意观察压力变化，做好放空的准备。

三、技术要求

（1）低压调节阀 SP 设定值为 0.4MPa。

（2）高压调节阀 SP 设定值为 1.0MPa。

四、标准操作规程

（一）操作流程

燃气系统调节阀切换操作流程见图 3-35。

```
准备工作 → 联系与检测 → 启备用阀 → 停在用阀 → 清洁场地 → 填写记录
              ↓              ↓            ↓
          通知调控     通知调控中心在   通知调控中心将
          中心         手动状态下将备   在用回路改为手
                      用调节阀OP值改   动状态，关闭在
              ↓       为0，再将其回路   用调节阀
                      改为自动
          联校备用调                        ↓
          节阀，并做       ↓
          回路测试，   打开备用调节阀   待阀后压力稳定
          复核调节阀   上游、下游阀门   后，关闭在用调
          SP设定值                       节阀上、下游阀门
```

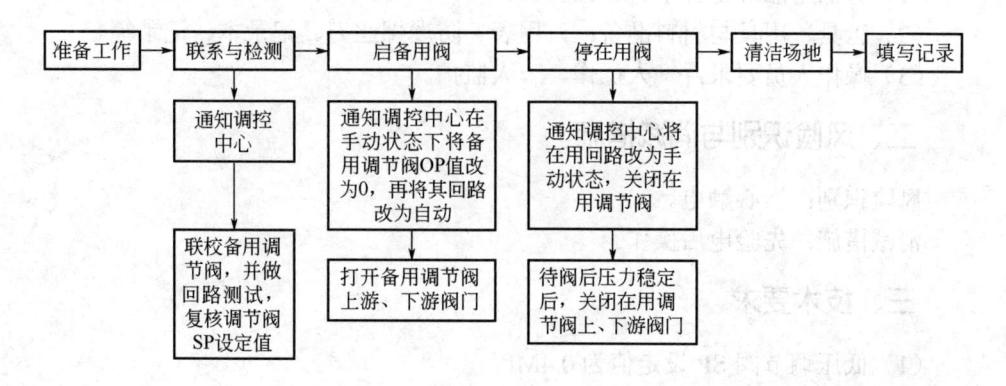

图 3-35　燃气系统调节阀切换操作流程

（二）操作过程

（1）联系与检测。

① 通知调控中心切换调节阀的位号。

② 通知调控中心，要求现场人员配合流程检查以及调节阀切换。

③ 联校备用调节阀，并做回路测试。

④ 复核调节阀 SP 设定值。

（2）启备用阀。

① 通知调控中心在手动状态下将备用调节阀 OP 值改为 0，再将其回路改为自动。

② 打开备用调节阀上游阀门，缓慢打开下游阀门。

（3）停在用阀。

① 通知调控中心将在用回路改为手动状态，并以每次 5% 的开度缓慢关闭在用调节阀，直至全关。

② 待阀后压力稳定后，关闭在用调节阀上、下游阀门。

（4）收拾工具、用具，清洁场地。

（5）填写工作记录，向相关方汇报。

项目二十　阴极保护室动态监测标准操作

一、准备工作

（1）劳保用品准备齐全、穿戴整齐。
（2）工具、用具与材料准备：万用表、防爆螺丝刀、记录本、记录笔。
（3）操作人员要求：一人操作，一人监护。

二、风险识别与消减措施

风险识别：当心触电。
消减措施：先验电后操作。

三、技术要求

（1）低压调节阀 SP 设定值为 0.4MPa。
（2）高压调节阀 SP 设定值为 1.0MPa。

四、标准操作规程

（一）操作流程

阴极保护室动态监测操作流程见图 3-36。

准备工作 → 检查 → 运行检测 → 投运仪器 → 测试数据 → 清洁场地 → 填写记录

检查：
- 检查线路有无松动、脱落，并确定接线正确
- 将"给定"电位器逆时针拧到底，先断开S1，后断开ZK

运行检测：
- 将"给定"电位器逆时针拧到底，置于"自检"位置
- 拧"给定"电位器，观察直流电压表、电流表和电位表，同时采用间隙工作方式

投运仪器：
- 将"给定"电位器逆时针拧到底，置于"工作"位置
- 拧"给定"电位器，所有表的指针示值应为某一恒定值，此时，电位器处于"工作"状态

测试数据：
- 测试参比电位、输出电位和输出电压

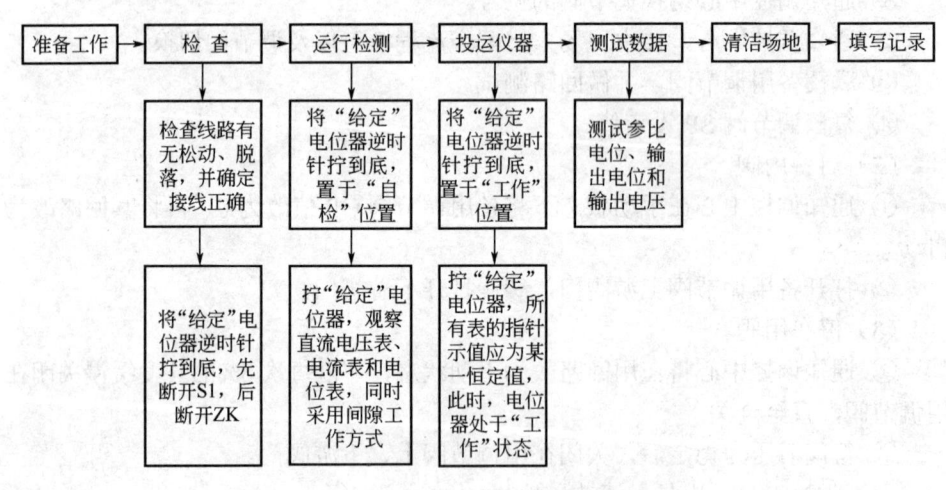

图 3-36　阴极保护室动态监测操作流程

（二）操作过程

（1）检查。

检查线路有无松动、脱落，并确定接线正确。

（2）运行检测。

① 将控制面板上的"给定"电位器逆时针拧到底，将自检/工作转换开关 S2 置于"自检"位置。

② 顺时针慢慢拧"给定"电位器，同时观察直流电压表（2~3V）、电流表和电位表的指针应保持在相应的值，此时，电位器处于"自检"状态，并对负载供电。同时采用接通 12s、断 3s 的间隙工作方式，在断 3s 时，其电流、电压表指示为零，而电位表有指示，指示值为被极化时电压值。

③ 将控制面板上的"给定"电位器逆时针拧到底，先将 S1 开关从通拨向断，后再断开三相空气开关 ZK，此时自检完成。

（3）投运仪器。

① 将控制面板上的"给定"电位器逆时针拧到底，将自检/工作开关 S2 置于"工作"位置。

② 顺时针慢慢拧"给定"电位器，当电位器处于某一刻度时，则直流电压表、电流表和电位表的指针示值应为某一恒定值，此时，电位器处于"工作"状态。

（4）测试数据。

用万用表测试参比电位、输出电位和输出电压。

（5）收拾工具、用具，清理场地。

（6）填写工作记录，向相关方汇报。

第四章 故障应急处理标准程序

项目一 单井采气管线刺漏应急处理标准程序

一、准备工作

（1）劳保用品准备齐全、穿戴整齐。

（2）工具、用具与材料准备：300mm、600mm防爆管钳各1把，重型套筒1套，空气呼吸器4具，对讲机4部，便携式气体检测仪2部，应急灯4盏，8kg灭火器4具，应急指示标识若干，消防毛毡若干，消防锹2把，急救箱1个，担架1副，风向标1个，警戒带若干，警戒杆2根，棉纱若干，记录笔、本1套。

（3）操作人员要求：三人操作，一人指挥。

二、风险识别与消减措施

风险识别1：未点火放空造成环境污染。
消减措施：站内单井干管放空前必须点燃火炬。
风险识别2：未及时汇报事故情况或组织不当，造成事故扩大。
消减措施：及时汇报险情，正确组织处理。

三、技术要求

（1）准确判断采气管线刺漏位置，应急人员处理时站在上风口。
（2）应急组织有序，现场由一人统一指挥。
（3）按预先的分工，有序地进行操作。

四、操作过程（以距井场200m处管线刺漏为例）

（1）现象。

① 作业区调控中心值班人员发现站内气量减少，干管进站压力急剧下降，干

管所在井组油压普遍下降，由此初步判断此干管发生刺漏现象。

② 甲巡井人员在现场发现距某井场 200m 处地上的土被吹起很高，很快传出巨大震耳的刺气声，在地下管线开裂处被气流吹出较大的空洞，及时通知作业区调控中心管线刺漏地点、范围及影响情况，就地进行警戒，与作业区调控中心保持联系，等待救援人员。

（2）启动作业区应急预案。

① 作业区调控中心关闭刺漏干管进站阀门。

② 成立应急抢险小组，分配救援任务，携带应急器材赶往现场。

（a）乙担任总指挥，并做好上传下达工作，按预先的应急预案进行抢险作业，插好风向标，做好现场的警戒隔离工作。

（b）丙和丁携带便携式气体检测仪、对讲机，佩戴空气呼吸器前后进入刺漏现场，边走边测气体浓度，当报警器发出声响后，示意张拉警戒线，一人落实刺漏情况并警戒，另一人立即关井并及时汇报总指挥。

（c）甲立即奔赴集气站，检查确认该干管的流程正确，接到总指挥通知时，放空并及时汇报总指挥。

（d）应急抢险完成后，集合、清点人数，对此次应急工作进行点评，并将事故原因汇报作业区调控中心。

（3）收拾工具、用具，清洁场地。

（4）填写故障处理记录。

项目二　集气站站内自用气区法兰刺漏应急处理标准程序

一、准备工作

（1）劳保用品准备齐全、穿戴整齐。

（2）工具、用具与材料准备：300mm 防爆 F 形扳手 1 把，300mm 防爆管钳 1 把，重型套筒 1 套，200mm 防爆平口螺丝刀、防爆十字螺丝刀各 1 把，空气呼吸器 2 具，对讲机 4 部，便携式气体检测仪 2 部，验漏瓶 1 个，应急灯 3 盏，8kg 灭火器 2 具，应急指示标识若干，急救箱 1 个，担架 1 副，警戒带若干，警戒杆 2 根，棉纱若干，记录笔、本 1 套。

（3）操作人员要求：三人操作，一人指挥。

二、风险识别与消减措施

风险识别 1：未切断自控电源，可能导致二次事故。
消减措施：及时切断仪表及伴热带电源。
风险识别 2：未点火放空会造成环境污染。

消减措施：放空前必须点燃火炬。

三、技术要求

（1）准确判断站内管线刺漏位置，应急人员处理时站在上风口。
（2）现场由一人统一指挥，按预先的分工，有序地进行操作。

四、操作过程

（1）现象。
① 作业区调控中心值班人员发现自用气区可燃气体检测仪报警，自用气区压力下降，流量减少。
② 派甲巡站人员检查自用气区，发现法兰刺漏，立即切断电源，及时通知作业区调控中心管线刺漏地点、范围及影响情况，就地进行警戒，与作业区调控中心保持联系，等待救援人员。
（2）启动作业区应急预案。
成立应急抢险小组，分配救援任务，携带应急器材赶往现场。
① 乙担任总指挥，并做好上传下达工作，按预先的应急预案组织抢险作业，做好现场的警戒隔离工作。
② 丙和丁佩戴空气呼吸器，携带便携式气体检测仪、对讲机、防爆F形扳手，前后进入刺漏现场，两人站在上风口侧身轮流关闭自用气总阀，确认刺漏地点，检查自用气流程，打开二级调压后压力表放空阀进行放空，检测可燃气体浓度合格后，关闭放空阀，摘下空气呼吸器。
③ 乙指挥向作业区调控中心汇报事故原因及处理结果。
④ 应急抢险完成后，集合、清点人数，对此次应急工作进行点评，并将事故原因汇报作业区调控中心。
（3）收拾工具、用具，清洁场地。
（4）填写故障处理记录。

项目三 节流针阀下游管线水合物冻堵应急处理标准程序

一、准备工作

（1）劳保用品准备齐全、穿戴整齐。
（2）工具、用具与材料准备：600mm、300mm防爆管钳，对讲机，记录笔、记录本。
（3）操作人员要求：三人操作，一人监护。

二、风险识别与消减措施

风险识别 1：未点火放空会造成环境污染。
消减措施：放空前必须点燃火炬。
风险识别 2：组织不当，造成事故扩大。
消减措施：及时汇报险情，正确组织处理。
风险识别 3：泄压操作过快、过猛，造成不可控制的事故发生。
消减措施：泄压操作必须平稳、缓慢（必须现场观察分液罐压力，以防超压）。

三、技术要求

（1）节流针阀下游管线水合物冻堵点要判断准确。
（2）按预先的分工，有序地进行操作。
（3）操作要平稳、缓慢。

四、操作过程

（1）现象。
节流针阀下游的压力高于分离器区压力 0.5MPa 以上并持续上升。
（2）判断。
① 地面管线冻堵：油管压力持续增大，外输流量减少，计量温度下降，计量压力增大。
② 针阀冻堵：油管压力持续增大，外输流量减少，计量温度下降，计量压力不变。
③ 高压截断阀（电磁阀）冻堵：油管压力持续增大，外输流量减少，计量温度下降，计量压力不变。
（3）启动应急程序。
① 第一发现人大声呼叫：××井针阀下游管线冻堵。
② 到紧急集合点集合，清点人数，按照预先的分工进行作业。
③ 关闭该井针阀及进站闸阀。
④ 将冻堵井导入计量分离器。
⑤ 关闭分离器出口阀门。
⑥ 点燃火炬，打开放空旋塞阀放空 20min 后检查水合物。
⑦ 水合物排除，节流针阀后压力下降。
⑧ 倒通流程恢复生产。
⑨ 分析事故原因，汇报调控中心。
（4）收拾工具、用具，清洁场地。

(5) 填写工作记录。
(6) 向相关方汇报。

项目四　外输球阀下游管线刺漏应急处理标准程序

一、准备工作

(1) 劳保用品准备齐全、穿戴整齐。
(2) 工具、用具与材料准备：600mm 防爆管钳 3 把，对讲机，记录笔、本 1 套。
(3) 操作人员要求：三人操作，一人监护。

二、风险识别与消减措施

风险识别 1：未点火放空会造成环境污染。
消减措施：放空前必须点燃火炬。
风险识别 2：未及时隔离泄漏点或汇报、组织不当，会造成事故扩大。
消减措施：及时设置隔离带并汇报险情，正确组织处理。
风险识别 3：泄压操作过快、过猛，造成不可控制的事故。
消减措施：泄压操作必须平稳、缓慢（必须现场观察分液罐压力<0.2MPa，以防超压）。
风险识别 4：切断上下游气源时，阀门关闭先后次序错误，易造成站内憋压。
消减措施：切断上下游气源时，按正确次序关闭阀门。

三、技术要求

(1) 准确判断外输球阀下游管线刺漏位置。
(2) 按预先的分工，有序地进行操作。
(3) 泄压操作要平稳、缓慢。

四、操作过程

(1) 现象。
外输管线出现刺气声，大量气体泄漏。
(2) 启动应急程序。
① 第一发现人大声呼叫：外输管线刺漏。
② 到紧急集合点集合，清点人数，按照预先的分工进行作业。
③ 关闭加热炉主母火开关，切断站内电源。
④ 关闭所有井的节流针阀及进站截断阀、外输闸阀。

⑤ 打开外输区放空阀放空。
⑥ 向调控中心汇报。
⑦ 如果有越站旁通，先倒通越站流程，再进行下一步操作。
⑧ 依次切断上游站来气。
⑨ 查明原因，整改漏点。
（3）收拾工具、用具，清洁场地。
（4）填写工作记录，向相关方汇报。

附 录

常用工具

扫描下方二维码查看常用工具高清彩色大图。

活动扳手	梅花扳手	固定扳手
F形扳手	套筒扳手	内六角扳手
一字形螺丝刀	十字形螺丝刀	灰刀

附录 常用工具

划规	大锤	撬杠
液压拔轮器	液压千斤顶	环链手拉葫芦
黄油枪	管钳	钢丝钳

尖嘴钳	断线钳	卡钳
剥线钳	台虎钳	管子台虎钳
管子铰板	管子割刀	手钢锯

附录　常用工具

三角刮刀	锉刀	丝锥
验电器	指针式万用表	兆欧表
电工刀	绝缘手套	塑胶手套

209

钢卷尺	钢直尺	塞尺
外径千分尺	游标卡尺	水平尺
吊线锤	U形载荷线	角位移传感器

附录 常用工具

压力表　　　　　　　　　压力变送器　　　　　　　温度计

温度变送器　　　　　　　液位计　　　　　　　　　流量计

安全阀　　　　　　　　　阻火器　　　　　　　　　套丝机

211

参 考 文 献

[1] 孟爱英. 天然气压缩机组故障原因分析与处理. 中国化工贸易, 2013, 7 (17): 186-187.
[2] 洪亮, 吴振威, 邓学敏. 天然气压缩机新技术的发展与探讨. 中国石油和化工标准与质量, 2012, 33 (9): 74-75.
[3] 吴军超. 往复活塞式压缩机常见故障分析. 化工装备技术, 2007, 28 (4): 65-67.
[4] 杨曦, 张小龙, 黄宇, 等. 天然气水合物生成条件预测方法研究. 内蒙古石油化工, 2011, 14: 5-6.
[5] 梁裕如, 张书勤. 气田采气管线天然气水合物生成条件预测. 天然气与石油, 2011, 29 (3): 11-13.
[6] 杨玉忠. 三相分离器使用中存在的问题分析及对策. 中国石油和化工标准与质量, 2012, (3): 282.
[7] 高燕, 严海军. 三相分离器的应用与维护探讨. 中国石油和化工标准与质量, 2012, 15.
[8] 项文钦, 邹远军, 常鹏. 数字化集气站排污系统优化与实现方法. 低碳经济促进石化产业科技创新与发展——第九届宁夏青年科学家论坛石化专题论坛论文集, 2013.
[9] 张增勇, 张晓军, 侯山, 等. 集气站"火炬喷液"问题整改措施探讨. 石化产业科技创新与可持续发展——宁夏第五届青年科学家论坛论文集, 2009.
[10] 何东博, 贾爱林, 田昌炳, 等. 苏里格气田储集层成岩作用及有效储集层成因. 石油勘探与开发, 2004, 3: 69-71.
[11] 周迎, 王雪, 刘鹏飞. 苏里格气田天然气集输工艺及处理方案. 石油和化工设备, 2011, 5: 32-33.
[12] 纪红, 宋磊, 王国丽. 油气田自动化技术应用现状及发展趋势. 石油规划设计, 2006, 3: 4-8.
[13] 张亚斌, 张建平, 朱磊, 等. 气田智能化建设应用体系研究. 信息技术与标准化, 2016, Z1.
[14] 谢开. 仪表自动化设备的维护分析. 中国石油和化工标准与质量, 2013, 21.
[15] 谢开, 冉敏. 仪表自动化工程的质量控制研究. 产业与科技论坛, 2013, 14.